U0939620

悦励志

要改变人生
请先掌控好情绪

Emotion control

受用一生的
情绪控制课

胡子君 著

控制好你的情绪，是幸福生活的源泉，是人生幸福的关键

中华工商联合出版社

图书在版编目（CIP）数据

受用一生的情绪控制课 ：精华版/胡子君著. --北京：中华工商联合出版社，2016.7(2021.7重印)

ISBN 978-7-5158-1706-4

Ⅰ.①受… Ⅱ.①胡… Ⅲ.①情绪－自我控制－通俗读物 Ⅳ.①B842.6-49

中国版本图书馆CIP数据核字（2016）第142574号

受用一生的情绪控制课：精华版

作　　者：胡子君
责任编辑：郑承运　李　瑛
封面设计：吕丽梅
责任审读：李　征
责任印制：迈致红
出版发行：中华工商联合出版社有限责任公司
印　　刷：唐山富达印务有限公司
版　　次：2016年10月第1版
印　　次：2021年7月第5次印刷
开　　本：710mm×1000mm 1/16
字　　数：260千字
印　　张：16
书　　号：ISBN 978-7-5158-1706-4
定　　价：78.00元

服务热线：010-58301130
销售热线：010-58302813
地址邮编：北京市西城区西环广场A座19-20层，100044
http：//www.chgslcbs.cn
E-mail: cicap1202@sina.com（营销中心）
E-mail: gslzbs@sina.com（总编室）

P R E F A C E 序

你的情绪稳定吗？你常遇事小题大作，被情绪牵着鼻子走吗？你常为生活中的小事耿耿于怀吗？你相信一个人可通过改变自己的态度，来改变一生吗？你有无被焦虑、恐惧、抑郁等情绪缠身的痛苦？

人生几十年匆匆忙忙，如白驹过隙一般。在这几十年里，我们会经历各种各样的事情，在不同的事情面前，我们会有各种各样的情绪。当处于顺境时，每个人都能从容地面对，总是能让自己处于正面、乐观的心理状态，这是一种正常的、健康的心理。但是，在遇到困境的时候，正面、乐观的心理就会被负面、消极的心理所取代，负面心理占据了主导位置，能够从容应对的人却是少之又少。

正面的情绪就像一个“发动机”，能促进工作、学习的开展，能让生活变得更加美好；而负面的情绪则会把你带入痛苦的深渊，面对消极低落的状态不能自拔。如果负面心理长期占据主导地位，那么，我们会处于颓废的状态，这样的人，是颓废的、不健康的。因此，我们要学会控制负面心理，让快乐、正面的心理占据主导。其实，同样一件事情，积极乐观的人看到的是积极的一面，而消极悲观的人，看到的则是消极的一面。

本书的目的，是为了分析人们在生活中最常遇到的又容易被人忽视的不佳心理状态，以激发读者在自己的生活中开始尝试产生积极情绪。

本书分为十二章，教你如何从更宽阔的视野来看待自己的所有情绪与反应，助你深入了解一生中经历的各种情绪，以及如何有效地运用你对情绪的全新认识。内容涵盖人生的各种议题，如工作、家庭、人际交往等，每一个人都能在其中找到与自己类似的案例和经历。

本书每一个案例，吸收一个新的想法，你会更加明白什么是你想要的，什么是你不想要的。它教你通过平衡、释放、转移、选择、控制等情绪管理技巧，建立不生气、不焦虑、不抱怨、不自卑等正向情绪，全面提升自控力、洞察力、信念力、影响力，使自己成为一个内心强大的人，人际关系融洽的人，眼光长远的人，人生天地无限广阔的人。

成功，因宽容和积极而充满机遇；失败，因抱怨和消极而困难重重。优秀的人，都是不抱怨的人。

我们不停地抱怨、指责、攻击，这不仅毁坏了自己的内心世界，也伤害了自己的外部世界。我们应该有效地表达不失控。

我们常常焦虑、忧郁、后悔、迷茫。其实，伤害我们的并不是事实本身，而是我们看待事实的态度。

心若改变，情绪就会改变；情绪变了，行为就会变；行为变了，习惯就会变；习惯变了，性格跟着变。性格决定命运，情绪左右人生。

人的一生，最大的陷阱并不是缺少机会，或是资历浅薄，而是缺乏对自己情绪的控制。如果你想掌控自己的命运，请先掌控自己的情绪！

没有稳定的内心世界，就没有美好的生活世界。赶走坏情绪出门，迎接好情绪进门，发掘自己的无限潜能，改变自己的人生命运，都得依赖情绪的惊人力量。

有一位哲学家曾说：“一个稳定平和的情绪，比一百种智慧更有力量。”我们往往可以轻易躲开一头大象，却躲不开一只苍蝇——使我们事倍功半的常是一些因情绪错乱而造成的芝麻小事……无数的事实均证实了这样一个道理——拥有一个好情绪，方能拥有一个快乐的人生。

来吧！让我们一起了解自身情绪的密码，学会控制、调整自身情绪，每天10分钟，学习一点情绪管理方面的技巧。

C O N T E N T S 目录

目录 CONTENTS

C O N T E N T S 目 录

目录 CONTENTS

C O N T E N T S 目录

目录 CONTENTS

第一章

好情绪：幸福生活从掌控情绪开始

情绪化：幸福生活的“隐形杀手”

在生活中，没有谁的生活天生注定不幸福，除非你一心关起门来，拒绝幸福之神的来访。千万不要做个喜怒无常的人，让自己的心理状态完全被情绪左右，那样伤害的是自己，你会因此失去拥有幸福的机会。同时，因为你的情绪化，也可能对你周围的人产生不好的影响。

一个周末的傍晚，朱民在后阳台上整理白天拿出来曝晒的旧书，正巧看见与他相隔一条防火巷的女邻居在阳台上洗碗。女邻居的动作十分利落，水声与碗盘声很大，仿佛在借洗碗发泄她内心深处的不平与埋怨。这时候，她丈夫竟从客厅端来一杯热茶，双手捧到她面前。

这感人的画面差点使朱民落泪。

为了不惊扰他们，朱民轻手轻脚地收起书本往屋里走。正要转身时，听到那仿佛与幸福有仇的女人回赠那同样无缘幸福的男人：“别在这里假好心啦！”

丈夫低着头又把那杯茶端回屋里。那杯热茶一定在瞬间冷却了，像他的心瞬间变得冰冷一样。

继续在洗碗的邻居，还是边洗边抱怨：“端茶来给我喝？少惹我生气就行了。我真是苦命啊！早知道结婚要这么做牛做马，不如出家算了。”朱民想，以后她丈夫绝不会再自找没趣了吧。

也许妻子需要的不是一杯热茶，而是来分担她的家务。但是，在丈夫对她献殷勤的时候，实在没有必要把坏情绪发泄到对方身上。这样只会让事态往更坏的方向发展，而自己的负担也不会因此有半点的减轻。

一时的情绪化，常常是自身幸福的杀手。

有的人只要情绪不佳，就什么都不顾，什么难听的话都敢说，什么伤人的话都敢骂，完全不计后果。这就是人的情绪的极端表现。这种情绪化可以表现为以下几种特点：

1. 行为的无理智性

人的行为应该是有目的、有计划、有意识的外部活动。人区别于其他动物的特征之一，就在于人的行为的理智化。

但是，某些极端情绪化行为的重要特征往往是：不仅“跟着感觉走”，而且“跟着情绪走”。行为缺乏独立思考，显得不够成熟，浮于表面，轻信他人，而且有时还会依赖他人。

2. 行为的冲动性

人的行为本应受意志的控制，有意识地调节支配自己的行为。但是，某些情绪化行为反映了意志控制力的薄弱，表现得很冲动。遇到什么不顺心的事，整个人的情绪就像打足了气的球一样，立即爆发出来。

带有情绪化行为的冲动，看起来力量很强，然而不能持续很长的时间。紧张性一释放，冲动性的行为就结束了。这种冲动性的行为往往会带来某种破坏性后果。

3. 行为的情景性

行为的情景性的显著特点是：为生活环境中与自己利益相关的刺激所左右。满足自己需要的刺激一出现，就显得非常高兴，一旦发现满足不了，就会异常愤怒。因此，这种行为就显得简单、原始，比较低级。如果他人故意制造一个情景，那么，有些人就会按照预计的方式行动，就会上当受骗。

4. 行为的不稳定性、多变性

人的行为总有一定的倾向性，而且这种倾向性一经形成，就会显得非常稳定。但是，人的情绪化行为却具有多变、不稳定的特点。喜怒无常，给人一种捉摸不定的感觉。

5. 行为的攻击性

这类人忍受挫折的能力相当低，很容易将自己受到挫折时产生的愤怒情绪表现出来，向他人进攻。这种攻击不一定以身体的力量方式出现，也可以以语言或表情的方式出现，如不明不白地讽刺挖苦别人，在脸色上给他人难堪，或让别人下不了台等。

情绪化行为的上述特点使这种行为具有不少消极性。例如，情绪化行为会成为个人心理发展的障碍，使人变得缺乏理智、不成熟，甚至成为后果不堪设想行为的起端。

对于每个人来说，情绪化是幸福生活的“隐形杀手”。在与人交往中，过多的情绪化行为，会妨碍人与人之间的融洽与和睦。此外，当人的情绪化行为成为一种倾向时，就比较难以为社会控制，甚至成为某个社会事件的起因，给社会造成重大的损失。

1%的坏情绪，导致100%的失败

在我们的生活中，可能遇到恐惧、焦虑、愤怒、怨恨、伤心、压力感等来自情绪方面的不速之客。当这些坏情绪来临时，有些人能保持冷静，有些人却易于冲动。也许有人会问：为什么别人能轻松地应对坏情绪，而自己却在面对这些负面情绪时只能暗自伤神呢？是因为他们有过人的能力，还是他们总是被幸运之神眷顾呢？

其实，他们都和你一样，既没有过人的能力，也不是幸运之神频频降临，而是因为他们善于掌控自己的情绪。在处理棘手的事情上，他们能很好地掌控自己的情绪，将自己的心情调整到零度状态，客观冷静地处理事情。而有些人之所以在处理问题上越弄越糟糕，并不是因为他们的能力不够，更不是因为缺乏沟通的能力，而是因为他们这1%的坏心情，导致了最后100%的失败。

或许你不相信这个结论，也或许你认为这么说有点夸张。其实不然，一个人的情绪和一个人手头所做的事情有着很紧密的联系，情绪高涨，手头的事情也相对能完成得好，或者说是完成的质量较高；相反，心绪不稳，总是左顾右盼，心烦意乱，胡思乱想，根本就不把心思放在工作上，这样的心态又怎么能把事情做好呢？

美国石油大王洛克菲勒就是一个能很好地掌控自己情绪的人，无论什么时候，他都能先冷静心情，再处理事情。而他的对手恰恰是因为不能控制这1%的坏情绪，导致了最后的失败。

洛克菲勒在接受一个案件的受审过程中，就一直保持着冷静的状态，在面对对方律师粗暴的询问时一直都保持着一种很平和，甚至是不动声色的态度。也正是这样不动声色的态度让他赢得了这个艰难的官司，并一举挫败了对手的阴谋。

在法庭询问上，对手的律师的态度明显地怀有恶意，甚至有羞辱之意，可以想象，当时洛克菲勒的心情有多么糟糕，如果这个时候他也发怒，必将掉入对方设计的陷阱之中，不过洛克菲勒很聪明，他明白这个时候控制自己的情绪有多么的重要，自己千万不能和对方的律师一样鲁莽，更不能让自己的这种气愤的心情有所流露。

“洛克菲勒先生，我要你把某日我写给你的那封信拿出来。”对方律师很粗暴地对他说。洛克菲勒知道，这封信里面有很多关于美孚石油公司的内幕，而这个律师根本就没有资格来问这件事情，不过洛克菲勒先生并没有进行任何的反驳，只是静静地坐在自己的座位上，没有任何表示。

“洛克菲勒先生，这封信是你接收的吗？”法官开始发问。

“我想是的，法官先生。”

“那么你回那封信了吗？”

“我想没有。”

这时法官又拿出许多其信件来，当场宣读。

“洛克菲勒先生，你能确定这些信都是你接收的吗？”

“我想是的，法官。”

“那你说你有没有回复那些信件呢？”

“我想我没有，法官。”

“你为何不回那些信呢，你认识我，不是吗？”对方律师开始插嘴。

“是的，当然，我想我从前是认识你的。”

至此，对方律师情绪已经坏到了极点，甚至有点开始暴跳如雷了，而洛克菲勒却还是坐在那里纹丝不动，似乎眼前的事情根本就没有发生过，全庭寂静无声，除了对方律师的咆哮声。

最后，对方律师因为情绪激动而失控，把真相说漏了嘴，被法官当场听到，最终结果可想而知，洛克菲勒不仅赢得了官司，还在美国人眼中，留下了一个很优雅的形象。

亚洲首富李嘉诚也是这样的人。他处理事情的一贯作风是“稳健中寻求发展，发展中不忘稳健”。“稳”就是沉着、冷静，不头脑发热，只有稳重地思考，才能稳重地做出决断。正是这种“稳中求进”的战略，使他在创业的路上创造了一个又一个的辉煌。

你是不是曾经沉溺于痛苦之中一度不能自拔？

你是不是曾经因为一些不可理喻的事情暴跳如雷？

你是不是曾经因为遭遇不公平对待而不停埋怨？

你是不是曾经因为过于乐观而导致事情一败涂地？

……

所有这些1%的坏情绪都会导致我们做事情100%的失败，进而影响我们的人生。决定成功与失败、幸福与痛苦的，不在于我们是谁，不在于机遇的多寡，更不在于我们在什么地方，我们正在做什么，而在于我们用什么样的心情处理当前发生的事以及正在发生的事。

坏情绪堆积起来的后果

你经常有这样的感受吗？只要遇到一件倒霉事，一系列的倒霉事都会接踵而至……你一整天的心情都被搞得乌七八糟。坏情绪每天都可能会有，如果运气差的时候，一天可能会有许多件不顺心的事情发生，这个时候就要值得注意了，千万不要把坏情绪堆积起来。

这样的例子非常多，比如张利一天的遭遇：

张利早上醒来的时候发现外面在下雨。他平时最烦下雨了，因为一下雨他刚上了油的皮鞋就会沾水，而且裤腿也会带上泥巴，自己的西裤又是毛料的，舍不得在雨里行走；如果换穿休闲裤吧，白色的休闲裤脏得更快。像这种毛毛雨又懒得打伞，打车又要排队。这样的天气接女朋友也不方便，如果晚去的话，自己的女朋友萌萌又会噘着嘴气跑了，然后几天不理他。张利躲在被窝里这样烦恼了一会儿，等他缓过神儿的时候，一看表，自己就开始慌了。

张利去上班的时候，公交车站牌下雨伞林立，伞下一张张脸翘首以待。张利看了看自己身上穿的毛料西裤，决定打车。可是这个时候出租车也不是好打的，好不容易等来了一辆空车，立刻有人蜂拥而上。三番五次都是这样，张利只恨自己没有车。终于打上车了，刚一落座，一股凉意沁入屁股，他扭身一看，对那个司机嚷道：“哇塞，你这车上怎么有水啊！”司机回头看了一下说：“这下雨天能没有水吗？”“但是车里也不能有这么多水啊！”“可能是刚才的乘客把伞放在车座上了吧。”这个时候张利已经憋了一肚子火，然后他就开始抱怨起来了：“早知道还不如坐公交车，白白糟蹋了我的毛料西裤。”然后张利拿纸巾去蘸屁股上的水，湿漉漉的纸巾立刻粉身碎骨，张利甩着手，碎纸屑黏着手不肯掉。“这人也真够缺德的，竟然把湿雨伞放在座位上！”“真倒霉，别人把伞放在车座上，我哪看得见……”张利就这样和司机打了一路的嘴巴官司，窝了一肚子火，车一到站就赶紧埋单下车。当张利走到办公室的时候才发现，司机没找自己零钱！自己不但坐了一屁股的水，而且还白送给了司机七八块钱。张利不知道有多生气。

张利刚进办公室，有一位同事就通知他说，他的企划方案没有通过，退回修改。那可是张利熬了几夜的心血，全企划室也只有张利能拿得出这种像样的方案来。再修改？说着容易做着难，不改！张利当时心里既委屈又气愤，他决定把企划方案先搁到一边等头儿来找他再说。可是张利没想到，他在那儿等了一天，头儿也没来找他。

下班的时候外面依然淅淅沥沥地下着雨，天依然阴着，张利依然打不起精神来。突然想起下午忘了给女朋友萌萌打电话，因为他们早上就约好了下午要打电话，决定晚上到哪里吃饭。一看表，六点了，赶紧打电话过去。办公室没人听，估计萌萌早下班了。打她手机，半天才接。电话的另一端传来萌萌尖利的声音：“你那脑袋是不是被门夹啦？现在才睡醒？我已经跟别人约了！”说完以后，那边“啪”的一声，挂了电话。张利心想，都怪这鬼天气！他愣在那儿半天都没回过神儿来。

张利的坏情绪就是这样一点一点堆积起来，本来事情并不会那么糟糕的。

当我们遇到一件倒霉事，坏心情就上了身，如果不及时解决，在处理其他事情的时候还带着坏心情，连锁反应也就会因此而发生。心理学家对此研究发现，当一个人处于坏情绪的时候，下丘脑就会分泌出一种叫“多巴胺”的物质，这位“多先生”会让你的情绪越来越抑郁；当一个人在高兴的时候，下丘脑同样会分泌出一种叫“去甲肾上腺素”的物质，这位“去先生”会使你的心情越来越舒畅。因此，心理学家建议：当坏情绪刚刚冒头时，就应该立刻把它消灭掉，千万不要让坏情绪堆积起来，否则就会让你的心情在“多先生”的感染中变得越来越糟。所以，在这方面我们要学会“走一路丢一路”的好习惯，到了最后，身上的包袱全部丢掉了，你也就会越走越轻松。

让我们全面解析一下张利的情绪，帮他丢一丢身上的包袱。其实，通过在张利身上发生的这些事情，你就会发现，是“多先生”还是“去先生”，这些都要看自己的选择了。

在早晨，阴雨天与坏心情好像没有什么直接关系吧？而在张利的心里已经有了一个思维定式，即下雨=坏心情，按照这样的路线走下去，心情能好得起来吗？这在心理学上叫“暗示”。张利看到下雨的情景，就不断地向自己提出暗示：只要下雨，自己就会倒霉。好像失眠的人总说自己老失眠一样，所以总是失眠。其实张利可以去作一个调查：下雨天并不是那么令人讨厌，很多人还特别喜欢下雨天呢！下雨时，可以听着雨打玻璃的声音安然入睡；雨水滤掉了马路上的灰尘、噪声，让空气清新起来；有些人还会利用下雨来讨好女朋友，给她送伞，和她共打一把伞，而且还可以在雨中漫步，趁着这个机会搂住她的肩……这样从另一种角度来看待问题，阴雨天也就成了一个好的天气，而且心情也会晴朗起来。

不就是在早上坐车时坐了一屁股水吗？你可以这样想：庆幸的是没

坐到一个烟头、一摊油上。

虽说自己的企划方案被退回来要求重新修改一下，但张利完全可以这样想："为什么不让别人去修，唯独让我去做？正是因为我会做所以让我去做，这不正证明我比别人强吗！"重要的方案不可能一次通过，退回来修改，又不是从头再来，应该是一件好事才对。如果想得通的话，就要主动去敲头儿的门，然后问清楚，究竟是哪些地方需要修改，该怎样去修改。主动与上司沟通，不但会使自己信心十足，而且还会使自己心情舒畅许多。

这样，张利一天的疙瘩也就全解开了，而且女朋友的约会也不会被忘了；就算忘记了也不要紧，张利可以再打一个电话过去，然后潇洒地告诉她："我马上过去埋单！"这个时候估计她也不会再生气了，而且一定会乐坏的。

前面只是张利一天的倒霉遭遇，其实，在我们每个人的生活中都会有这样的体验和愤怒情绪。

在自尊心受到伤害的时候，或者是在工作中受到挫折的时候，或被人欺骗、财物受到损失等情况下，我们常常都会以愤怒的情绪来应对，或是用这种方式发泄自己心中的不满。

"愤怒"这种情绪体验也是很正常的，因为愤怒真实地反映了一个人的立场和世界观，反映了一个人内心的爱憎和好恶。所以，我们不能绝对地否定和排斥愤怒情绪。

但是，有人会在生活中经常发火，会因为一些小事而发火，如此过多地发泄愤怒情绪，则说明他们的心理弹性空间小，对逆境缺乏合理的认知和良好的适应能力，他们的挫折感以及失望、痛苦这些情绪便很容易就产生了。

心理学的研究表明，愤怒情绪过多这一现象是一种不良的行为模式，一方面，由于从小错误习惯造成，因为发脾气曾经给自己带来好处，所以就将这一不良的行为模式保留下来。另一方面，因为他们对周围的人或事的期望值过高，往往期望越大失望也就越大，在达不到自己要求时，就会大发雷霆，“怒从心中起”。

对于这样的愤怒情绪，我们怎样调整才能不出现或少出现呢？要想减少愤怒情绪：

第一，常发脾气的人自身要有迫切改变的愿望。

第二，在发脾气的时候，可以给自己一些适当的处罚，这种不良行为也就会很好地消退。

第三，要想方设法地改变自己对周围人与事的看法，对不完美的现实要学会接纳和包容。这样，当你不如意、不顺心时，你的心胸就会比较宽阔，就能容纳以前不能容纳的事情，使自己以前的坏脾气逐渐减少甚至完全消失。

情绪控制，利于身心健康

人的情绪经常表现为两种，一种愉快的，一种悲伤的，但是不管哪种情绪，都要适度控制，大悲大喜都不利于身体健康。

因为心理活动和生理活动是相互关联的，当心情好的时候生理机能处于最佳状态；当情绪低落的时候，人的生理机能也会随之下降。长此以往，会引发很多疾病。人类的疾病中一半以上的疾病是和不良的心态、恶劣的情绪有关的。

《红楼梦》里的林黛玉不仅有才华，而且纯洁又真诚。但自幼羸弱多病，多愁善感。在“风霜刀剑严相逼”的贾府，她又不会像薛宝钗那样曲意逢迎、八面玲珑，而是经常郁郁寡欢、茶饭不思、夜不能寐、泪水涟涟。当她听说心上人贾宝玉与薛宝钗结婚时，一气而厥，悲愤而逝。从情绪心理角度来看，正是因为她内心的抑郁情绪造成了自己的悲剧。

人的一生中，如果处境不好，如家庭不和、疾病伤害、亲友离别、天灾人祸、意外损伤等，不仅会造成对抗情绪，也会使人趋于心理封闭，不愿在他人面前表现出心理的真实状态，什么事情都憋在心里。有句话说得很对，人一旦憋得太久了，身体自然而然地就会生起病来，从另一个角度说，郁郁寡欢本身就属于一种病。

忧郁是一个病魔，精神长期抑郁可促使人们很早就衰老，是导致种种疾病的一个重要因素。据国内某医院调查资料显示：精神愉快、性格开朗的人，到60岁仍能工作，患老年病的占30%；而精神受过严重创伤、性格沉闷内向的人，到50岁时工作精力就减退一半。

情绪和健康是紧密相连的。在心理学家的眼里，情绪就是“生命的指挥棒”、“健康的寒暑表”。现代医学家则认为，身体本身就是疾病的良医，有85%的疾病是可以自我控制的，而情绪就是人们不可忽视的一个因素。

有个患者38岁，肝区疼，去医院作检查，医生告诉他：“不得了，你肝上长了一个瘤，7公分，已经转移了。”他一听腿都软了，当时就站不住了。回到家以后，他整宿没睡，到天亮更疼，又去看医生。医生说：“你是肝癌晚期，我也没办法，你喜欢吃什么就吃什么，喜欢玩什么就赶紧玩吧。”一次他的上司去看他，顺便问了一句：“你有什么心愿未了吗？”他回答道：“别的没什么，我最大的遗憾是没见过北京天安门。”单位满足了他的心愿。他在北京看过天安门后，有人说，既然到了北京，不如四处看看有什么好的医生。结果他就去了北京一家医院，一个老教授极认真、仔细地为他作了检查。他问：“我得的什么病啊？”“你没有病，你是吓出来的，很多人都像你一样是囊肿，误诊为癌症，结果精神崩溃、一病不起了。实际上，什么病也没有。”医生跟他这么解释后，他豁然开朗了，回到家以后又能吃又能喝了，也能够上班了。他说，幸亏去了一趟北京，要不然可能早就不行了。

良好的心理状态是生活幸福、事业成功的要素之一。若是一个人能保持心理平衡，那就什么病都不易得，即便有时候得了病也是很快就能好起来。情绪对身体健康起着十分强大的作用，有时候这种作用十分明显。

好情绪是福。

有这么一首小诗：“你要是心情愉快，健康就会常在；你要是心情开朗，眼前就是一片明亮；你要是经常知足，就会感到幸福；你要是不计较名利，就会感到一切如意。”情绪是什么？情绪是人对客观事物的反应，是主观对客观感受的外在表现。如果我们保持一份好心情和乐观向上的精神状态，提高适应环境的能力，就能使自己进入洒脱豁达的境界，从而掌握生命的主动权。

美好的情绪会带给我们好运。许多成功人士，个性上都不免有所缺憾，但他们却能扬名立身。因为他们能够正确调整心态，不让坏的情绪随心所欲地伤害自己。

俗话说得好：笑一笑，十年少；愁一愁，白了头。的确，一个人的喜怒哀乐，不仅是他对周围环境刺激的主观反应，也往往决定着他的生死存亡。乐观的情绪使人积极向上，充满朝气，低靡的消沉只会使人颓废，一蹶不振。在我们的生活中，经常会看到有些人得了点小病便精神萎靡，整天愁眉苦脸，疑神疑鬼，情绪低落，自感病入膏肓，其实这些人是杞人忧天。

精神作用对我们的身体健康是何等的重要。我们都熟悉张海迪、林健、奥斯特洛夫斯基等这些光彩照人的形象，他们坚强不屈的精神，成为那些身处逆境却能与生命抗争的人们的精神支柱。

善于调节情绪的人才会成功

人们常说，“冲动是魔鬼”。在日常生活中，许多人都会在情绪冲动时做出令自己后悔不已的事情来。因此，学会有效管理和调控自己的情绪，是一个人走向成熟的标志，也是职场上迈向成功的重要基础。

近几年，美国心理学界也在进行相关的“情绪管理”研究。研究表明，能够控制情绪是大多数企业工作的一项基本要求，尤其在管理、服务行业更是如此。

《黄帝内经》中说，人有七情六欲，喜伤心，怒伤肝，忧伤肺，思伤脾，恐伤肾。可见，情绪反应是人们正常行为的一方面，但用情过度却会伤害身体。很少有人生来就能控制情绪，但日常生活中，人们应该学着去适应。首先，在遇到较强的情绪刺激时，应采取“缓兵之计”，强迫自己冷静下来，迅速分析一下事情的前因后果，再采取行动，尽量别让自己陷入冲动鲁莽、简单轻率的被动局面。

在工作中，能力不好的人不一定会成功，但是情绪管理不好的人一定不会成功。当我们把情绪毫无保留地发泄在我们周围的人身上，那种和谐的关系无形中就被破坏掉了，就好像是被打破的水晶杯子一般，就算黏合后也是会有裂缝，所以我们一定要小心翼翼地学习处理自己的情绪。有权威人士说，一个人的成就至多20%归诸智力，而80%则受情绪智慧之影响。高情绪智能者较能觉察自我的情感，富有同理心，具备高度自尊，较能与人和谐相处，对生活较满意，以及较能维持积极的人生态度，同时也有人强调人的命运不再是由智商、逻辑和语言技巧所决定，而是由感觉智慧，亦即所谓情绪智慧所决定。

情绪管理是一门科学。有人预言，无论是传统的物质企业，还是现代的IT业，未来十年内所面对的主要挑战将是如何支配以及管理情绪和理智、情绪和知识，从而为客户创造出更加卓越的服务和体验。成功的职业经理人，不仅肩负着企业赢利的根本任务，同时也应当是“情绪管理高手”，在企业善于生产和制造正面积极的情绪，为企业产品创造更多的附加价值。

有人认为在决定成功的要素中，80%来自态度（价值取向），13%来自技巧，7%是客观因素。哈佛大学一项研究显示，成功、成就、升迁等原因的85%是因为我们正确的情绪，而仅有15%是由于我们的专门技术。换句话说，我们花85%的教育时间、金钱来学习15%的成功机会，而只花15%的时间与金钱用于获得成功的85%的机会上。这就是我们大多数人和家庭一直在犯的“投资”错误！因而，美国心理学之父威廉·詹姆斯认为，这一划时代的重大发现，使我们可从控制情绪来改变生活、改变命运，从而获得成功的人生。

别被“情绪链”传染

“情绪链”可以叫作“情绪传染”，它所指的是一个人的坏心情会影响到几个人的好心情。国外有人对此做了一个巧妙解读的连环画：有个小男孩儿心情不好，在路边遇到一条小狗，便狠狠踢去，吓得小狗狼狈逃窜；小狗无端受了惊吓，见到一个西装革履的老板便汪汪狂吠；心情不好的老板在公司里对他的女秘书大发雷霆；女秘书回家后把怨气一古脑地撒给了莫名其妙的丈夫；第二天，这位身为教师的丈夫如法炮制，对自己一个不长进的学生一顿批评；于是挨了训的学生，也就是在这之前所说的那个小男孩儿就怀着一种很恶劣的心情回家了，在回家的路上又碰到了那只小狗，于是他二话不说，又是一脚踹向了那只狗……

其实，这种“情绪传染”是要特别注意的，在家庭中更是常见。因孩子生气，因家务生气，因性格不合生气，因在外面不顺心生气，等等。总而言之，因为一些鸡毛蒜皮的小事他们就会生气。有的人还会在早晨起床就生气，这样一来就闹得全家人一天没有好心情；有人在晚上生气，气愤心情无法转移，往往会造成“战争”升级；在吃饭时生气，使大人孩子都气不顺，吃不好。有的人动不动就生气，三天一小气，五天一大气，轻则争吵、吼骂，重则连摔带砸。结果是夫妻不睦，四邻不安，孩子不能安心学习，老人跟着操心叹气。

有很多研究结果表明，如果家庭气氛长期压抑、沉闷的话，很容易使一个人的神经系统发生紊乱，而且还会使免疫能力下降，患病的概率也会明显升高。这就是我们经常听到的“情绪致病”。

怎样才能防止“情绪传染”？主要是要加强品格和心情的修养。要多一些理性，克服自己的蛮性。要能够清醒地认识到，不能为一些鸡毛蒜皮的小事而生气伤身，这样做是不值的。家和万事兴，从容岁月长；“笑一笑，十年少，愁一愁，白了头”，不是调侃之语，是有其心理上的科学道理的。

人心情愉悦时，就能分泌更多的人体咖啡——内啡肽，使人精神快乐，健康长寿。不管做什么事情，如果缺乏理智，或者是任性蛮干，凭性子办事，都是会伤人害己，有害而无益的。于是有识之士便提供了一些相处的箴言：“如果是为一些小事而争吵是愚蠢的，而为大事争吵是无能的。所以，要做你该干的事情，不要做一些无谓的精神消耗。”

以下几种方法可以让你避免受到情绪传染。

第一，可以离开激怒的场所或者是对方。

第二，可以暂时停一分钟。一分钟的时间是微不足道的，然而在发生事端前暂停一分钟也是非常宝贵的。因为这一分钟的暂停就会制止一场争斗，挽回一场灾难，有时候还可以抢救一个生命。

第三，转移注意力。发怒的时候在大脑中就会产生一个强烈的兴奋灶，这个时候你就要建立另外一个兴奋灶。比如，看看报，或者是看看电视，唱唱歌，洗个澡，做一些轻松的事情，这样的话你会渐渐地发现原来生活可以是这么美好。

第四，让怒气合理宣泄。如果你的怒气膨胀起来，那么你的胸口就会像有一团火，这个时候你也不要强行去压抑它，因为强制压抑反而会伤到身体。这个时候你可以先把自己单独关在一间房屋里或者是跑到没有人的空旷的地方，然后再对着墙壁或空气，任你打，由你骂，打完骂

完以后，怒气就可以得到消除，而且还不会伤害他人。

所以，为了使你的形象逐渐高大，你要学会做一个有涵养、有教养的文明人，要学会控制自己，不要随便就发怒。

小测试：你是情绪化的人吗?

你是个容易情绪化的人吗？是个懂得正面思考人生多彩多姿的人吗？做做下面的心理测试题，测试一下你是不是一个情绪化的人？

请从第一题开始回答，选“是”或“否”，再依选项后的指示前往其他题继续作答，或前往“答案分析中”的各类型加以对应。

1.你喜欢自己的长相？

是（跳到2） 否（跳到5）

2.你每天都会看报纸或书籍？

是（跳到6） 否（跳到3）

3.你每天会换一身衣服穿？

是（跳到11） 否（跳到7）

4.身体一点点不舒服你也会很在意？

是（跳到8） 否（跳到9）

5.你常迟到？

是（跳到6） 否（跳到4）

6.重要的日子的前一天都会睡不着？

是（跳到4） 否（跳到9）

7.被骂后都会吃不下饭？

是（跳到11）否（跳到10）

8.喝牛奶前会看有效日期？

是（跳到12） 否（跳到13）

9.你会很在意衣裤皱褶？

是（跳到8） 否（跳到10）

10.你有做笔记或记事的习惯？

是（跳到14） 否（跳到13）

11.坐车时你会看旁人的杂志或报纸？

是（跳到15） 否（跳到10）

12.你每月都会存钱？

是（跳到A类型） 否（跳到B类型）

13.你认为未来会更不景气？

是（跳到12） 否（跳到C类型）

14.你的手表有秒针？

是（跳到C类型） 否（跳到D类型）

15.你没什么耐心听别人把话说完？

是（跳到D类型） 否（跳到14）

答案分析：

A类型：庸人自扰型。你的人生真是黑白的，没有一点色彩，无论何时，事情都一定会有状况。所以从头到尾都享受不到快乐，例如办一个活动，事前就担心这担心那，深怕出错，即使顺利而成功地完成了，你却一点喜悦也没有，因为你是完美主义者，会因为觉得有很多的不完美而闷闷不乐，真是拿你没办法！如果凡事都不从正面思考，光增加一些负力量的话，到最后好事情也会变成不好哦！

B类型：晴时多云偶阵雨型。基本上来讲，你是个相当情绪化的人，心情好时说什么都可以，心情不好时则不理人，因此可以说是没什么准则的人。在公司中做事情也要看自己的心情，譬如今天心情好，寻求你帮忙你都会答应；如果心情不好，连上司叫你做事你都敢回绝，真叫人替你捏一把冷汗！所以大家都蛮怕你的，都要看你的心情行事，但这并非成熟人的行为，多控制一下自己！你称不上正面思考的人，也称不上负面思考的人，只能说“很情绪行事”的人。

C类型：乐观进取型。大致上来说，你算蛮正面思考的人，遇到事情不会马上往坏的地方想，会冷静思考分析一些状况，且尽量说服自己轻松、愉快地面对它。例如，老板一直加工作给你，你虽然不爽，但你会自我安慰地想：因为老板信任我，所以才放心交代我去做，绝不会想说老板认为我太闲所以给我加工作，如此正面思考的你不但能够比别人成长得快，也比别人过得快乐，相信你的人生也是多彩多姿的。

D类型：无忧无虑型。与其说你是个正面思考的人，还不如说是个少根筋的乐天主义者，因为你很粗心不容易去接受一些讯息，所以也不容易受影响，当然这样有好也有坏，好的方面就是这种人活得比较自我，不好的是由于不会察言观色，所以容易得罪人。由于你很乐观，凡事都先做了再说，根本不会想到后果，所以常让同事在后面帮你擦屁股，当然偶尔也会误打误撞让你一炮而红，但毕竟这种机会并不多。

第二章

放宽心：生活中的逆境不算什么

生活很艰辛，淡定的态度很重要

《黄帝内经》指出，“喜怒不节则伤脏”，说明情志不加节制会损伤脏腑功能。具体来说是：“怒伤肝、喜伤心、思伤脾、忧伤肺、恐伤肾。”一切不良情绪都能影响于心，而由于“心为五脏六腑之大主”，心受伤，人体的整个功能皆会受损。所以拥有淡定的心态，有效控制偏激的情绪是保证身心健康的根本。

曾流传过这样一则故事：寺庙中的小和尚和师父下山化缘，道经一深山水涧，上有一横木当过之，横木甚窄仅容一人通行。行之中间，巧一美女相向而行。小和尚不知如何。但见师父十分地淡定，从容木上，擎女转身后放下，两人均通容。小和尚惊然而趋之。后良久，小和尚费解问之。师父曰：淡定！我早已放下！何故问及！小和尚细思量后方悟。

常抽时间同态度乐观、生活积极的好朋友一起小聚，谈谈最近的感受，如果有不顺之事，不妨倾诉一下不快的心情，自己也会放松许多。事实上，谈心不仅能减轻紧张情绪，还有增进人体免疫力的功能。但请注意：不管自己今天多辛苦，多不高兴，回到家里，都应该把今天的一件好事情同家人分享。快乐的家庭气氛更能转化自己的压力，增加动力，更好地工作。

人生的路短暂而又漫长，但一定是始于我们的每一天。每个人都在面对人生的无常，每天看淡我们的得失，看淡我们的输赢，看淡经历的一切，这都只是我们人生道路上的一个个过程。行走在途中的人们常常无法确定终点在哪里，但是我们不可迷失自己，要在过程中成长，我们就会迎来更为美好的明天！

痛苦并非想象的那么大

一位青年从未看见过海，他非常想看一看海。有一天他得到一个机会，当他来到海边时，那儿正笼罩着雾，天气又冷。“啊，”他想，“我不喜欢海。幸好我不是水手，当一个水手太危险了。”

在海岸上，他遇见一个水手。他们交谈起来。

“你怎么会爱海呢？”青年问，“那儿弥漫着雾，又冷。”

“海不总是这样的。有时，海是明亮而美丽的。但无论天气怎样，我都爱海。”水手说：“当一个人热爱他的工作时，他不会想到什么危险。我们家庭的每一个人都爱海。”

“你的父亲现在何处呢”？青年问。

“他死在海里。”

“你的祖父呢？”

“死在大西洋里。”

“你的哥哥呢？”

“他在印度海边游泳时，被一条鲨鱼吞食了。”

“既然如此，”青年说，“如果我是你，我就永远也不到海里去。”

“你愿意告诉我你父亲死在哪儿吗？”

“啊，他在床上断的气。”青年说。

“你的祖父呢？”

“也是死在床上。”

“这样说来，如果我是你，”水手说，“我就永远也不到床上去。”

人生之中，有阳光灿烂，也有风雨闪电。如果惧怕困苦而退缩不前，你的生命轨迹只会是大大的“0”。其实，正视种种磨难，你会发现，眼前的绊脚石并非想象中的那么巨大、不可逾越。

一位国王曾有一次去海上巡游，当船出航时，不巧遇上了大风暴。一名士兵因为是第一次乘船，所以害怕得又哭又叫。他不停地狂哭乱喊，船上的人都受不了，而国王也想下令把他关起来。

这时国王身旁的一位大臣说：“不要关他，让我来处理。我想我可以使他马上安静下来。”大臣随即令水手将那位士兵绑起来，丢入海中。可怜的家伙一听要被丢下海，更是高声嘶喊；过了几秒钟，大臣才叫人把他拉上船来。回到船上后，说也奇怪，那个刚才歇斯底里乱叫的士兵，静静地待在船舱一角，半点声音也没有。

国王好奇地问这位大臣何以会如此？大臣答说：“在情况转为更加恶劣之前，人们很难体会自身是多么的幸运。”

我们常为一些小灾小难而叹息、流泪，殊不知，与其他大不幸相比，真算是身在福中不知福了。有时候，我们要感激生命赠予的苦头，因为它让我们更明白自己的幸福与幸运。

海纳百川，有容乃大

一天，在开往费城的火车上，一个妇人中途上了车，她走进一节车厢，坐在了座位上。对面坐的是一位略显肥胖的男子，正在吸烟。这位妇女禁不住咳了几声，可是，那个男子丝毫没注意到她的暗示。最后，妇人忍不住开口说：“你多半是外国人吧！大概不知道这趟车有一节吸烟车厢，这里是不让吸烟的。”那个男子一声不吭，掐灭了香烟，扔出了窗外。

这时，列车员过来对妇人说，这里是格兰特将军的私人车厢，请她离开。她听了大吃一惊，心里很害怕，站起身往门口走。而格兰特将军仍像刚才一样，没有给她任何难堪，甚至没有取笑、嘲弄她的神情。

古今中外，许多大人物身上都有大度、宽容的美德，这是他们能够被人们尊重的原因之一。

有这样一则故事：格林夫妇带着两个儿子在意大利旅游，不幸遭劫匪袭击。七岁的长子尼古拉死于劫匪的枪下，就在医生证实尼古拉的大脑确实已经死亡的十个小时内，孩子的父亲立即做出了决定，同意将儿子的器官捐出。四小时后，尼古拉的心脏移植给了一位患先天性心肌畸形的十四岁孩子；一对肾分别使两个患先天性肾功能不全的孩子有了活下去的希望；一个十九岁的濒危少女，获得了尼古拉的肝；尼古拉的眼角膜使两个意大利人重见光明。就连尼古拉的胰腺，也被提取出来，用于治疗糖尿病……尼古拉的脏器分别移植给了亟须救治的六个意大利人。

格林说："我不恨这个国家，不恨意大利人。我只是希望凶手知道他们做了些什么。"格林嘴角的一丝微笑掩不住内心的悲痛。而他的妻子玛格丽特的庄重、坚定、安详的面容，和他们四岁幼子脸上小大人般的表情，尤其令意大利人的灵魂震撼！他们失去了自己的亲人，但事件发生后他们所表现出来的宽容与大度，令很多意大利人深感羞愧。

生活中，我们要学会宽容、大度。古人说："大度集群朋。"一个人若能有宽宏的度量，他的身边便会集结起大群知心朋友。大度，表现为对人、对事能"求同存异"，不以自己的特殊个性或癖好律人。大度，也表现为能听得进各种不同意见，尤其能认真听取相反的意见。大度，还要能容忍他人的过失，尤其是当他人对自己犯有过失时，能不计前嫌，一如既往。大度，更表现为能够虚心接受批评，发现自己的过失，便立即改正，和他人发生矛盾时，能够主动检查自己，而不文过饰非、推诿责任。大度者，能够关心人，帮助人，体贴人，责己严，待人宽。

有首诗写道："占便宜处失便宜，吃得亏时天自知。但把此心存正直，不愁一世被人欺。"内心正直、胸怀雅量，才能包容万物，才能以美好、善良之心看待万物。

那么，如何培养度量呢？

第一，凡是小事，不要太过计较，要原谅别人的过失；

第二，不如意的事来临时，泰然处之，不为所累；

第三，受人讥讽，不要睚眦必报；

第四，学会吃亏，把便宜让给别人；

第五，多看别人的优点，少盯着别人的缺点。

患得患失，得不偿失

生活中，总是会有这样一些人，他们做什么事情都要再三思量、反复考虑，把方方面面都考虑得十分周全，做完之后又放心不下，如有不妥，就担心把事情办砸，还担心别人对自己的看法，极其重视个人的得与失，心里得不到片刻安宁。这种人的心态其实就是典型的患得患失心态。患得患失的意思是：担心得不到，得到了又担心失掉，形容对个人得失看得很重。有一句话说得好："人生常会有得有失，但不可患得患失。"是的，得与失是每个人都不可避免要面对的问题，但如果你不能以淡然的心态去面对得到和失去，你就会得不偿失。

事业可以说是一个人一生的全部。有些人抓住了机遇，所以他可以轻而易举地就成功了，可是有些人，总是徘徊在机遇面前，如果决定了，自己会得到哪些，又会失去多少。可是，成功的机会就在他计算得与失的时间里悄悄地溜走了。

有两兄弟，老大是一位很心细的人，处处都考虑得很清楚，有一点不符合他想法的事情，他是绝对不会去做的。老二则不同，只要是一个合适的机会，而且在他的能力范围之内，那么，他就要去试一试。

他们两个同在一个工厂里打工，而且工作都很努力，在厂里完成的业绩都是数一数二的，一次老板对他们两兄弟说，如果有人愿意在厂里待五年，那么五年之后，他就可以升为主管，而且在这五年时间里，完成的数量还要数一数二，如果完不成，只能拿到最基本的工资。

老大想来想去，认为这样很不合理，而且时间太长，没自由可言，时时做不了决定。老二却是这样想的，在这五年时间里，我可以有一份稳定的工作，只要努力就不会有被辞退的危险，于是他就答应了老板。

老大没有干完两年，就被工厂辞退了，由于学历有限，再也找不到工作了，一直待在家里种地，可是老二，却在五年后成了主管。

到嘴的“肥肉”在犹豫中失去，这就是患得患失的代价。成功的机会是要靠自己努力去争取的，可是如果一心计算着得与失，下不了决心，那么机会会一步步地远离你。人生本来就是取与舍的一生，如果不能够勇敢地面对，果断地选择，患得患失就一定会阻碍大业。

一个人自我感觉得到得多还是失去得多，只是一个人心态的问题。如果有一个正确的价值观，放下心中的包袱，哪怕在他人看来你失去了很多，你也会用得到的去埋藏那些失去的，因为你的心里在乎的不是失去，而是得到。患得患失，只会让自己失去更多。

在现实生活中，有些人并没有把取与舍看得很清楚，而是一味地去追求。为了钱而拼命地工作，为了赚钱，可以舍去亲情、出卖友情、抛弃爱情，最后只得来一个月工资区区几千元的工作。还有一些人把生活当成副业，把赚钱当成主业，为了能够赚到钱，为了争一口无所谓的气，甚至不惜冒失去生命的危险，这样做无疑是在浪费时间成本、消耗精力。这些负面影响，要远远高于经济损失，得不偿失，这是人生中的大忌。

患得患失有时会让一个人为了得到一己之利，打击和排斥异己，甚至不择手段，无所不用其极。而且患得患失的人自己也不会好受，他

们活得并不轻松，心里往往承受着比别人大几十倍的压力，弄不好还会落个顾此失彼、前功尽弃的结果。所以，当我们在得与失之间犹豫不决的时候，一定要保持清醒的头脑，不要做锱铢必较、追名逐利之徒。得与失应该用长远的战略的眼光去看才会更有价值和意义，只有那些目光短浅的人，才会只顾眼前利益，而看不见利益背后的隐患，更看不见紧跟在“失去”后面的“得到”，因为他们唯恐避之不及，早就逃之夭夭了。

患得患失是人生的精神枷锁，是附在人身上的挥之不去的阴影，但是现代社会竞争的急速加剧，让患得患失的人越来越多，能够从容不迫的人越来越少了。患得患失的人总是怕会失去什么，什么都不想丢下，最终也就什么都得不到。正如哲学家叔本华说的一句话：患得患失是在痛苦与无聊，欲望与失望之间摇晃的钟摆，永远没有真正满足，真正幸福的一天。

不要把“撞线”当成最大的光荣

在人生竞技场上，不要把“撞线”当成最大的光荣。当了“第一”的人也许是脆弱的，众人之上的滋味尝尽，如再有下落，感受到的可能就是悲凉。可在生命的每个阶段，“第一”的诱惑总在眼前，于是生命会变成劳役。

站在第一位置的人不一定永远是胜者，每次“第一”总是一时的风光，却赢不来一世的顺畅。时代的风向总在转变，那些被吹走的名字，总是站在队列的前面。争“第一”的人，眼睛总是盯着对手，为了得到“第一”，也许会不择手段。也许，每一个战役，你都赢了，但夜深人静，一个又一个伤口，会让自己触目惊心。何必把争来的“第一”当成生命的奖杯！我们每一个人，只不过是和自己赛跑的人，在那条长长的人生路上，追求更好强过追求最好。

“英雄就是做他能做的事，而平常人就做不到这一点。”实际上，每个人，无论做何事，都必定有他所能达到的最高高度，并非一定要自己超过某人，达到某一程度、某一目标。只要尽自己所能，问心无愧，最终能达到什么样的高度并不重要。人活着，目标不妨定得高远些，但在实际生活中，能及时地了解和承认自己的局限，接受自己的局限，会令自己更加清醒，能让自己在必要的时刻及时转舵，增强驾驭人生的能力。这样，便能让自己在有限的生命中得到更多、更广的成绩，使自己

生活得更加充实与饱满。

在商场上同样如此，如美国一家租车公司，长期以来以行业排名第二自居，却好评如潮。这家租车公司原本经营不善，由于冗员太多，员工工作态度又散漫，车子交到租车者的手中，单就车子表面肮脏的程度，就会被讥讽是“逃犯开的车子”。名声到此地步，怎能不面临倒闭?

尽管如此，这家租车公司的市场占有率仍有一席之地，屈居第二，只是离市场占有率第一名的租车公司，有好大一段距离，而第三名的公司正在急起直追，已相差不远。

后来公司聘请了一位有“经营之神”美称的奚得先生做总裁，他到任后在公司内部进行了大刀阔斧的改革，先是采取重罚重赏的方式，提高员工的服务意识和服务水平，接着花重金寻找广告公司为公司做形象广告。

广告大师彭巴克先生，经过一番调查和策划后，告诉奚得先生：广告就坦白直率地告诉大家——我在租车业中，排名第二。

奚得先生深感怀疑：“我们排第二，为什么人家要租我们的车子？”答案是：“我们更努力。”

奚得先生接受了这则广告，之后公诸于众，坦坦白白、毫不讳言“自己差，因此要更加努力”。这样不只对内部员工有所激励，对顾客而言，他们看到了一个努力向上的人，也看到了它的改变。不久之后，公司业绩急速上升，市场占有率越来越接近第一名，但是第一名的业绩也没有衰退，受害者是第三名。

延续这则经典广告的警句有：“其实当老二也不错，我们有更努力的空间。”

在所有的车子上，都贴了奚得先生的电话，如果租车者发现车子不清洁、有烟蒂等情况，可以直接打电话给他。因为：“我们第二，所以要更努力。”

有一段时间，他们自认逼近了第一，便放弃了第二的主张，结果业绩下滑，因为大家认为他们不想再努力了，这是始料未及的事。

至今美国租车市场的占有率排行榜，第一仍是第一，第二仍是第二，可见对手绝非弱者，也在加倍努力。

生活不可能完美无缺，也正因为有了残缺，我们才有梦，有希望。当我们为梦想和希望而付出我们的努力时，我们就已经拥有了一个完整的自我。生活不是一切必须拿满分的考试，生活更像是一个足球赛季，最好的队也可能会输掉其中的几场比赛，而最差的队也有自己闪亮的时刻。我们的所有努力就是为了赢得更多的比赛。当我们能继续在比赛中前进，并珍惜每场比赛时，我们就赢得了自己的完整。也就是说，我们向往完美，但绝不可凡事要求完美，否则就只能是永无止境的修改，而最终也达不到完美的地步。

记住，完美只是一种理想。在人生的旅途中，要学会接受“不完美”。而接受不完美，如同接受不同的色彩。有不同的色彩，才有可能拥有多彩的人生。

接受不完美，才会有更圆满

25岁的李浪大学毕业，做了一名公司职员。第一次恋爱还是在学校读书时，男友陈浩高大英俊、活力四射，对李浪十分呵护、体贴，但她容不得对方的一点点过失。有一次约好看电影，陈浩因为迟到了5分钟，她就认为是他不重视她，而不肯原谅他，最终选择了和他分手。第二次恋爱的男友海波是一个公务员，特别爱好文学，她欣赏他的文学才华和儒雅的外表，两人很快坠入爱河，最初的时光浪漫而又纯美，但是海波提出要结婚时，她却有些犹豫，因为一旦决定做妻子，她希望自己的伴侣不仅才华横溢，还要事业有成，物质条件充裕，但海波却是一个每月只能领2000元的小公务员，她无法想象婚后生活的清贫程度，于是不断地鼓励海波辞职经商。在她的软硬兼施下，海波无奈地辞职，加入了南下的淘金大军中，但他的性格根本就不适合经商，一年下来，不但没有挣到钱，还贴进去了十几万，就这样，彼此的矛盾在相互指责和抱怨中越来越深，最后只好无奈地分手。

李浪想要找一个“完人”来做自己的伴侣，这就是完美主义心理。

完美主义的人表面上很自负，内心深处却很自卑。因为他很少看到优点，总是关注缺点，总是不知足，不知足就不快乐，痛苦就常常跟随着他，周围的人也会不快乐。

人无完人，金无足赤。没有一个人是完美无瑕的，难道有缺点和不足就注定要悲哀，要默默无闻，无法成就大事吗？其实，只要你把“缺陷、不足”这块堵在心口上的石头放下来，不过分地去关注它，它也就不会成为你的障碍。假如能善于利用你那已无法改变的缺陷、不足，那么，你仍然是一个有价值的人。

只求完美，害怕失败，只能使我们处于尴尬的境地。要从追求尽善尽美的诱惑中摆脱出来，专家的建议是：

1.客观地估计自己的潜能

既不要把自己的能力估计得太高，也没必要过于自卑。有一分热，发一分光。如果你事事要求完美，这种心理本身就会成为你做事的障碍。不要在自己的短处上去与人竞争，而是要在自己的长处上培养起自尊、自豪和工作的兴趣。

2.正确对待“失败”和“瑕疵”

一次乃至多次的失败并不能说明一个人价值的大小。仔细想一下，如果从不经历失败，我们能真正认识生活的真谛吗？我们也许一无所知，沾沾自喜于愚蠢的无知中。因为成功仅仅只能坚定期望的信念，而失败则给了我们独一无二的宝贵经验。人只有经受住失败的悲哀才能走到成功的巅峰。

3. 为自己确定一个短期的目标

寻找一件自己完全有能力做好的事，然后去把它做好。这样你的心情就会轻松自然，办事也会较有信心，感到自己更有创造力和更有成

效。实际上，你不追求出类拔萃，而只是希望表现良好时，你会出乎意料地取得最佳的成绩。

目标切合实际的好处不仅于此，它还为你提供了一个新的起点，能使你循序渐进地摘取事业上的桂冠。同时，你的生活也会因此而充实起来，变得富有色彩，充满了人情味，并不像你原来所想的那样黯淡。

接受不可避免的事实

许多不愉快的经历，我们是无法逃避的，也是无可选择的。我们只能接受已经存在的事实做自我调整，抗拒不但可能毁了自己的生活，而且也许会使自己精神崩溃。

1. 不再为昨日的阳光叹息

一位很有名气的心理学教师，一天给学生上课时拿出一只十分精美的咖啡杯，当学生们正在赞美这只杯子的独特造型时，教师装出失手的样子，咖啡杯掉在水泥地上成了碎片，这时学生中不断发出了惋惜声。教师指着咖啡杯的碎片说：“你们一定对这只杯子感到惋惜，可是这种惋惜也无法使咖啡杯再恢复原形。今后在你们生活中发生了无可挽回的事时，请记住这破碎的咖啡杯。”

这是一堂很成功的素质教育课，学生们通过摔碎的咖啡杯懂得了，人在无法改变失败和不幸的厄运时，要学会接受它和适应它。

荷兰阿姆斯特丹有一座十五世纪的教堂遗迹，有这样一句让人过目不忘的题词：“事必如此，别无选择。”

命运中总是充满了不可捉摸的变数，如果它给我们带来了快乐，当然是很好的，我们也很容易接受。但事情却往往并非如此，有时，它带给我们的会是可怕的灾难，这时如果我们不能学会接受它，如果让灾难

主宰了我们的心灵，那生活就会永远地失去阳光。

要记住：

昨日的阳光再美，也移不到今日的画册。

接受了事实是克服任何不幸的开始。

我们每个人迟早要学会这个道理，那就是我们只有接受并配合不可改变的事实。“事必如此，别无选择。”即使贵为一国之君也应该经常提醒自己。英王乔治五世在白金汉宫的图书室就挂着这句话：“请教导我不要凭空妄想，或作无谓的怨叹。”

显然，环境不能决定我们是否快乐，我们对事情的反应反而决定了我们的心情。

我们都能度过灾难与悲剧，并且战胜它。也许我们察觉不到，但是我们内心都有更强的力量帮助我们度过。我们都比自己想得更坚强。

成功学大师卡耐基也说：“有一次我拒不接受我遇到的一种不可改变的情况。我像个蠢蛋，不断作无谓的反抗，结果带来无眠的夜晚，我把自己整得很惨。终于，经过一年的自我折磨，我不得不接受我无法改变的事实。”

面对不可避免的事实，我们就应该学着做到诗人惠特曼所说的那样：“让我们学着像树木一样顺其自然，面对黑夜、风暴、饥饿、意外与挫折。”

2.举行失败告别仪式

举行失败的告别仪式是有道理的。仪式一向标示我们人生的变化：生日、成人典礼、婚礼，甚至离婚证书，都告示人们一个阶段的结束和另一个阶段的开始。但是向失败告别却没有一定的仪式。如果我们幸运的话，失败的影响会逐渐消退，但是它不会自行在某一天断然结束。

其实失败的仪式确实有必要，因为失败不是一种干净利落的事情。当初我们的安全感被撕扯掉时会留下粗糙的伤口，除非我们把这些障碍清除干净，否则残渣就会成为未来蓝图上的障碍。

3. 忍耐，必不可少的品质

在对千百名人士的研究中，心理学家发现，那些耐性很好的人士比耐性不好的人士更少患有心理和身体上的疾病。这再次证明了耐性的好坏对身体健康程度的影响。许多时候，人们并不十分清楚自己的身体是否真正健康，而耐性会帮助他去弄清这一问题。在对这些人士进一步的研究中发现，具有耐性的人将遭受更少的痛苦，并且他们会在很短的时间内就从痛苦中摆脱出来。

园艺学家用耐寒性来描述植物抵抗寒冷的能力。在进入寒冷以前，植物加厚了自己的细胞壁，增强耐寒性，从而度过严冬。耐性在我们人类这里指的是一个人抵抗生命中严酷状况的能力。心理学家通过对许多孩子的研究，发现耐性是生活健康和整体素质的一个预言性的东西。通过耐性好坏，就可知道健康和素质的好坏。

要想成为命运的赢家，你必须要有战胜挫折、失败、打击的能力。这种能力有很多项，首先是你必须拥有耐性。纽约大学的一位心理学教授对此进行了二十多年的研究。在研究过程中，她充分地意识到“耐性”这一人的品质对一个人生活的影响。她发现，那些具有耐性的人在生活中所受到的痛苦比没有耐性的人要少得多，逆境给他们造成的不利和损失也要少些。

一个人犯罪被关了二十几年，释放出狱后接受记者的访问，记者问他是怎么度过这二十几年的，这位犯人说：“我把自己变成符号，你可以捶我撞我，捏我拉我，我会变形，可是‘符号’依然存在。换句话

说，环境再怎么折磨我、打击我，我的外在会随着改变，但我的内心依然不变，我就是我！”

每个人的一生中都会遭遇困境，有些困境挺一挺就过去了，有些困境却让人感到茫然与绝望，不知何时黎明才会来到，意志薄弱的人很容易就在严苛的环境中丧失自己；但也有人采用刚烈的手段，以硬碰硬，结果也丧失了自己，真正能因而改变环境的并不多。因此，在困境时柔软与忍耐就十分必要了。

这可分两方面来谈。

第一，面对物质的困境时，你可以去做你平时看不起或不十分愿意做的事。例如，你失业了，可是又找不到如意的工作，为了生活，摆地摊、挑砖块、当跑堂等，都是可以做的，虽然工作形式改变，但壮志与抱负并未磨损变质，很多落难的英雄其实都是如此。

第二，面对人为的困境时，你必须在这种无法违抗的人为力量下，做他们要你做的事，可能很卑贱、很委屈自己，但这只是肉体上的屈服，你的意志并未屈服，你的原则并未改变。

也许有人会认为做一个“符号”太没志气，看起来的确如此，可是当人无力改变环境时，也只能尽量保持“我”的存在，“我”消失了，还能谈什么理想与抱负呢？一个铁锤下来，石头会碎裂，可是符号却吸纳了铁锤的力量，不但没有碎裂，反而包住了铁锤，这种力量，才是最可畏的啊！

也许你尚未遭到困境，不过人际关系上多多少少也会遭到一些不愉快，做一个“符号”吧，让其他人感受到你的柔软、你的吸纳与包容，千万不要做一个石头，符号可以捏回原形，可是石头裂了，就再也补不回来了。

小测试：你的心胸宽广吗？

你是一个心胸宽广的人吗？可以通过下面的小测试看看。

对下列问题作出判断。如果你回答“是”，给自己加0分；如果回答“不知道或都有可能”，加1分；如果回答“不是”，加2分。最后总计你的得分，对照“结果”中的分数得出结论。

1.某些人或事是否很容易使你心情不快？

2.你是否对所受的委屈一直耿耿于怀？

3.你是否对诸如地铁里有人不敬地盯着你，或袖子沾上汤汁之类的小事长时间感到懊恼？

4.你是否经常不愿跟人说话？

5.你在做重要工作时，旁人的谈话或噪声是否会让你分心？

6.你是否会长时间地分析自己的心理感受和行为？

7.你作决定时是否经常会受当时情绪的影响？

8.你夜晚是否会被蚊虫折腾得心烦意乱？

9.你是否受过自卑心理的折磨？

10.你是否时常情绪低落？

11.在与人争论时，你是否无法控制自己的嗓门，导致说话声音太高或太低？

12.你是否容易发怒?

13.是不是连可口的饭菜或喜剧片都无法让你低落的情绪好起来?

14.与别人谈话时，如果对方怎么也弄不明白你的意思，你会不会发火?

结果：

23~28分：你一定是个心胸开阔的人。你的心理状态相当稳定，能够驾驭生活中的各种情况。你给人的印象很可能是独立、坚强，甚至还有点“脸皮厚”。但你不必在意，大家都羡慕你呢！

17~22分：你心胸不够开阔。你可能比较容易发火，对使你受委屈的人说一些不该说的话，这会导致单位和家庭中出现矛盾，之后你可能又会后悔，因为你人不坏，心肠也不硬。你要学会控制自己，事先尽量多想想，考虑清楚，然后再对委屈你的人予以坚决的回击。

0~16分：你心胸狭窄！多疑，计较，睚眦必报，对别人态度的反应是病态的。这是严重的缺点，首先对你的生活不利。你需要尽快进行自我教育。

第三章

不冲动：冷静，冷静，还是冷静

冲动是“地雷”，它可以毁了你

冲动是一种过度的情绪反应，是强烈愿望的一种表达形式。

早晨八点是上班的高峰期，章名开车去上班，由于车流量很大，眼看就要迟到了。车龙好不容易向前移动了一点，可前面的司机偏偏像睡着了一样，丝毫不动。章名开始冒火了，拼命地按喇叭，可前面的司机依然不为所动。章名气极了，他握住方向盘的手开始发白，仿佛紧紧地卡住前面司机的脖子，额头开始冒汗，心跳加快，满脸怒容，真想冲上去把那个司机从车里扔出来！

又过了一会儿，车还是停滞不前，他实在无法控制自己了，终于冲上前去，猛敲车门。前面的司机也不甘示弱，打开车门，冲了出来。就这样，一场恶斗在大街上开始了，结果章名打碎了那个人的鼻梁骨，犯了故意伤人罪，等待他的将是法律的严惩。这下不仅没赶上上班的时间，反而连工作也彻底丢了。

章名遭遇的一切都是由他的冲动造成的。

人们常说：冲动是魔鬼。生活中，冲动常损人损已。

冲动是指在理性不完整的状况下的心理状态和随之而来的一系列行为。打架斗殴都在这种情况下发生。据一项调查数据显示，“冲动杀人”成为治安一大忧患，其中，20～30岁青壮年男性最易一时冲动起杀意。一些人仅因一件琐事、一句口角、一时冲动便起意伤人、杀人。当然，杀人偿命、欠债还钱是法制社会最基本的准则，为此付出沉重代价的人，事后往往悔不当初。

遇事冲动是人类的通病，冲动情绪往往是由于缺乏缜密思考引起的，要知道许多问题的产生都是未经深思熟虑的结果。培根说：“冲动，就像地雷，碰到任何东西都一同毁灭。”如果你不注意培养自己冷静理智、心平气和的性情，培养交往中必需的沉着，一旦碰到“导火线”就暴跳如雷、情绪失控，就会把你最好的人生全部炸掉，最后只会让自己陷入自戕的囹圄。

早上，一位经理出门之前和他的太太吵了一架，心情非常坏。

到了办公室，他就把主管叫过来，冲他发了一顿脾气。

主管莫名其妙地被经理骂了一通，心里很不痛快，于是就把前台小姐大骂了一顿。

前台小姐当然想找个人发泄一下，回到家之后，看到她的儿子在家里玩，于是她就骂儿子是个淘气包，把屋子弄得乱七八糟的。

刚好家里的小猫走了过来，儿子便狠狠地踢了它一脚。

冷静、理智首先是对自己冲动情绪的一种控制。学会了控制情绪，即学会了控制自己，做自己的主人。

每个人都具有与生俱来的不同个性，性情或温和或暴躁，或沉稳或直爽。这就造成了每个人在面对同一事件时千差万别的反应，尤其是面对突然的变故、意外的打击或激烈的冲突时，人们的表现就更为不同。有的人可以泰然处之，不慌不忙，把悲伤和喜悦埋在心里而很少言形于表。有的人则勃然变色、惊慌失措，或者气急败坏，做出令人意料不到的举动。第一种人是能控制自己情绪的人，他们已经学会了冷静、理智。

冷静、理智其次应该看作是一种顾全大局的品质。这种人不会在小事上同人斤斤计较。在事关原则的关键场合，他们也会尽量求得事情的和平处理。

生活里有太多的小矛盾、小摩擦。冷静面对它，才有利于解决它。

征服自己的心，就能征服一切

1936年9月7日，世界台球冠军争夺赛在纽约举行。路易斯·福克斯的得分一路遥遥领先，只要再得几分便可稳拿冠军了。就在这时，他发现一只苍蝇落在主球上了，他挥手将苍蝇赶走了。可是，当他俯身击球的时候，那只苍蝇又飞回到主球上，他在观众的笑声中再一次起身驱赶苍蝇。这只讨厌的苍蝇破坏了他的情绪。更为糟糕的是，苍蝇好像是有意跟他作对，他一回到球台，它就又飞回到主球上来，引得周围的观众哈哈大笑。

路易斯·福克斯终于失去了理智，愤怒地用球杆去击打苍蝇。球杆碰到了主球，裁判判他击球，他因此失去了一轮机会。路易斯·福克斯方寸大乱，连连失利。而他的对手约翰·迪瑞则越战越能，终于赶上并超过了他，最后拿走了桂冠。第二天早上人们在河里发现了路易斯·福克斯的尸体，他投河自杀了！

福克斯乱了心智，导致了悲剧的发生。

一天，陆军部长斯坦顿来找林肯，很生气地说一位少将用侮辱性的话指责了他。林肯建议他写一封内容尖刻的信回敬那家伙。

“可以狠狠骂他一顿。”林肯说。

斯坦顿立刻写了一封措辞强烈的信，林肯看后说：“斯坦顿，真写绝了，要的就是这个！”

当斯坦顿把信叠好装进信封里时，林肯却叫住他，问道：“你要干什么？”

“寄出去啊！”斯坦顿说。

“不要胡闹，”林肯说，“这封信不能发，快把它扔到炉子里去。凡是生气时写的信，我都是这么处理的。这封信写得好，写的时候你已经解气了，现在感觉好多了吧，那么就请你把他烧掉，再写第二封信吧。”

我们在生气、愤怒、绝望时，要尽量保持冷静。因为不理智造成的后果，往往再尽力弥补也无济于事。宁可事前小心，也不要事后悔恨。

你的怒火是怎么来的

为无谓小事而动怒，不但对解决问题无益，还会使事情变得更糟。

在一个大农场里生活着一群家禽家畜。有一只鸭子在谷仓边不小心踩到一只公鸡的脚，公鸡恼怒地说："我要报仇！"说完便扑向那只鸭子，可是就在同时，它的翅膀又打到了旁边的一只母鹅。

母鹅也很生气，认为公鸡是故意打它的，于是对公鸡说："我要报仇！"说完就扑向公鸡。扑过去的时候，它的脚不小心又弄脏了小花猫身上的毛。

"我要报仇！"猫儿喵喵地叫着，然后奔向母鹅。可是就在它奔过去的时候，它的脚碰到了一只山羊。

山羊咩咩地叫着，便向猫撞过去："我要报仇！"但就在这时，有一只牧羊犬从那儿走过，被山羊撞倒了。

"我要报仇！"牧羊犬叫了一声，便横冲直撞地追向山羊。它跑得飞快，因为闪避不及和门边的一头母牛撞了个满怀。

"我要报仇！"母牛也怒吼起来，开始追牧羊犬，慌乱之中，母牛不小心踢了马一脚。

"我要报仇！"马也嘶叫起来，冲向母牛。

由此，农场引发了一场混战！家禽家畜们相互追逐着都要报仇。而这场混战的起因只是从一只鸭子意外地踩到公鸡的脚趾开始的。农夫听到骚乱声，马上跑出来，生气地把它们统统关到各自的笼子里。它们自由自在的好时光就这样结束了，而这都是因为它们太在意一件无关紧要的小过错造成的。

控制自己的情绪，并冷静地应对一切，是控制人性中优良因素的体现。为小事动怒、为小事发狂是我们很多人都会犯的毛病。遇事不能冷静思考，而是一味地发怒，并不能将问题很好地解决。

美国研究应激反应的专家理查德·卡尔森说："我们的恼怒有80%是自己造成的。"当你遇到不愉快的事情时，请先冷静下来。你必须承认生活是不公正的，任何人都不是完美的，任何事情都不会完全按照计划进行。

被怒气支配会使你丧失理智，做出有异于常态的事情。

一个单身汉，住在用茅草搭起的房子里。他勤劳耕种，自食其力，油盐酱醋之类的生活必需品越来越齐备了。但是令他恼火的是，草房里老鼠成灾，白天乱窜，晚上乱叫，终日闹个不休。单身汉满腹怨气，却又无计可施。

一天，这个单身汉酒喝多了，躺在床上睡觉，这时老鼠们闹得更凶了，似乎是故意惹他生气。单身汉怒火万丈，一把火把房子烧了个精光，老鼠是全没了，可他的家业也没了。

丧失理智是人在冲动时的本性呈现，是异于常态的。以上是一个好气又好笑的故事，让人不由得想起一个抓贼的人为了显示他跑得快，结果跑到贼前面，而使贼趁机溜走的故事。在怒气的支配下，忘记了自己本来要保留的东西，“恨乌及屋”，最后竟做出了不理智的事情。想想我们在生活中又何尝不是常常犯这样的错误呢?

让怒气随风而去

怒火，烧伤别人，也灼痛自己。

据说苏东坡被贬到瓜州任职时，他常与江对面金山寺的佛印禅师参禅论道。一天，他灵光一闪，得诗四句：“稽首灭中天，毫光照大千。八风吹不动，端坐紫金莲。”诗送至佛印处。很快，回信到了。苏东坡急忙打开，诗后面只有一个斗大的“屁”字。他大怒，连忙过江去理论。佛印正在江边等候，迎着东坡一笑：“既然八风吹不动，怎么一个‘屁’就把你吹过江了呢？”

东坡一愣，怒气顿消。

我们当然做不了“八风吹不动”的人，但要尽量控制自己的情绪，少动怒，少发火。

古时候，有一个叫爱地巴的人，每次和人起争执生气的时候，就很快地跑回家去，绕着自己的房子和土地跑上三圈，然后坐在田边喘气。

爱地巴工作很勤劳，他的房子越来越大，土地也越来越广。但只要与人争执而生气的时候，他就会绕着房子和土地跑三圈。

大家心里都感到疑惑，但是不管怎么问他，爱地巴都不愿意明说。

后来，爱地巴很老了，他的房子和土地也已经很广大了。一天，他生了气，拄着拐杖艰难地绕着土地和房子走，等他好不容易走完三圈，太阳已经下山了，爱地巴独自坐在田边喘气。

他的孙子在身边恳求他：“阿公！您已经这么大年纪了，这附近地区也没有其他人的土地比您的更广大，您不能再像从前，一生气就绕着土地跑了。还有，您可不可以告诉我为什么您一生气就要绕着土地跑三圈？”

爱地巴终于说出隐藏在心里多年的秘密：“年轻的时候，我一和人吵架、争论、生气，就绕着房子和土地跑三圈，边跑边想自己的房子这么小，土地这么少，哪有时间去和人生气呢？

一想到这里，气就消了，把所有的时间都用来努力工作。”

孙子问：“阿公！您年老了，又变成最富有的人，为什么还要绕着房子和土地跑呢？”

爱地巴笑着说：“我现在还是会生气，生气时绕着房子和土地跑三圈，边跑边想，自己的房子这么大，土地这么多，又何必和别人计较呢？一想到这里，气就消了。”

爱地巴可谓生活的智者，他懂得如何疏泄怒气。

人在极度愤怒时，恶劣情绪会导致人体内分泌发生剧烈变化，产生大量的荷尔蒙或其他化学物，这些都会对人体造成极大的危害。哈力斯特在华盛顿心理实验室做过一个实验，将玻璃管插入冰水中，试验者向管口呼出之气遇冰会凝集于玻璃管中。心理正常者呼出的凝集液透明、无色无毒，而暴怒者的凝集液中含有毒素，呼出一小时的凝集液可毒死多人。

易发火也容易使自己树敌。不要轻率动怒，置自己或别人于不顾。记住，你反驳了多少人，就有多少人对你不满。

关键时候“冷静三秒钟”

“冷静三秒钟”虽然是个形象的说法，却揭示出一个很深的哲理。即在情绪冲动的瞬间，只要能战胜自我，迅速冷静下来，才能战胜对方。

俗语：千人千脾气。作为一个生活在集体或者家庭的人，谁都难免会遇到一些使人生气、上火的事情。如果此时不能控制自己的情绪，冷静对待，很可能会一触即发，以火相攻，导致矛盾激化，使双方都处于被动和尴尬的局面，也容易伤害感情。所以，一定要谨记：“三思而后行。”

遇到急事时，你如果急躁与愤怒，对人对事都没有任何好处。当一个人大发雷霆时，思维往往被盲目性所控制，来不及判断自己行动带来的后果，甚至会失去理智，做出追悔莫及的蠢事来。《三国演义》中张飞痛惜结义兄长关羽报仇，在极度悲愤中对部下发泄怒火，最后竟被部下割掉了脑袋。《水浒传》中李逵听信“宋江抢民女”的传言，一怒之下竟砍倒了“替天行道”的大旗，并抡起板斧找宋江算账，险些闹出大乱子。在我们的日常生活中，因为控制不住自己的脾气，火气一上来，不管不顾的事时有发生。他们在怒气支配下摔东西，打人，骂街，有的为了“报复”、“出气”，甚至行凶作恶，危及社会，伤害他人，最终也毁了自己。

从病理学的角度来看，急躁和愤怒可导致疾病，易怒还会破坏良好的心境，造成人与人之间的不睦，等等。总之，无名怒火太盛，对人对己都是有害的。因此，千万别再发火。遇事多做些分析，学会“冷处理”。遇到使你发急和动怒的人或事时，先降降温再说。

国王有一只跟随自己多年的爱犬。有一天，他突然发现爱犬嘴角有血迹，同时还发疯似地咆哮着，再仔细一看，发现爱犬浑身上下都沾满了污血。

国王很奇怪，他就跟在这只爱犬的后边，来到新生婴儿的卧室里，发现新生儿的摇篮里血迹斑斑，而婴儿已不知去向。

国王想，一定是爱犬伤害了婴儿，一怒之下，当场拔出剑来将爱犬刺死。与此同时，他突然听到婴儿的哭泣声。国王循声跑去一看，原来婴儿在另一间屋子的角落里，与一头死狼在一起，死狼伤痕累累地倒在血泊中，婴儿则安然无恙。没有想到拼死保护婴儿的爱犬，竟因国王一时的冲动而惨死。国王抱着婴儿站在爱犬身旁悔恨不已。

这则故事告诉我们，做任何事情都需要冷静，冲动是理智的大敌。

生活中，人们有许多时候都会因为一时的冲动而结下苦果，成了再也解不开的心结。

当我们遇到困难的时候，如果能用理智的心态去分析和解决问题，那一定会避免一些不应该发生的错误。

冲动的原因很多，但归纳起来最根本的一条就是：主观意识过浓，脾气暴躁，遇到不顺心、不顺眼的事情，就火冒三丈，大发雷霆。因此，要想做到不冲动：

首先，必须修心养性，努力改造主观世界，遇事要冷静沉着，说话要三思。

其次，为人处事要多听对方的意见，千万不可只要求对方听自己的，而自己不听对方的。

最后，时刻严格要求自己，善于宽容他人。发生争执时，尽量抑制自己少说话，最好一笑了之。

小不忍则乱大谋

做事要三思而后行，不要意气用事，记住：小不忍则乱大谋。

猴子大学毕业就在黑熊经理的公司上班，大约有五年吧。一直以来猴子都是保持少说多做的作风，和谁都不多说话，别人说什么都和他无关。即使是说对他不利的事情也无所谓，因为他觉得做好自己的工作，上司自然会看到，自然不会亏待他。

但是，猴子没想到的事情还是发生了！

那天他正在研究一个新的工作，却看见上司怒气冲冲地向他走来，将一个文件“啪”地拍在他的桌子上，怒吼着：“小猴子，你在这里也不是一天两天了，怎么连这点事都做不好呢？简直是一塌糊涂，不可理喻！”小猴子正专心工作着，没有想到上司会来这一手，一时还真没反应过来是怎么回事，被这突如其来的事情弄晕了！

他拿过文件一看，上面虽然写的是他的名字，却不是他做的文件。于是猴子平心静气地说：“这个文件不是我做的，虽然写的是我的名字……”没想到他的话还没有说完，上司更加怒气冲天：“不是你做的是谁做的？写的就是你的名字，你以为我不认识字呀？也不知道现在的年轻人这是怎么了，喜欢推卸责任了！”

上司的话让小猴子非常生气，他已经辛辛苦苦在这里工作五年了，别说这份报告不是他写的，就算是他写的，出了什么毛病，也不至于如此吧！办公室里那么多同事，怎么就不懂得给他留个面子呢？这就说明上司连最起码的尊重也没有给他！小猴子压住火气说：“我想，从今天开始，你就再也不是我的上司了！”

上司愣了一下，问：“你这是什么意思？”小猴子平静地说：“我要辞职！”上司指着文件问：“这报告怎么解释？你要赔偿我的损失！”小猴子拿起文件：“我不干了，你要损失，上法院告我去吧！”说完小猴子就离开了。

猴子当时一点也没有惋惜这五年来的辛苦和成就，一点后路也没有给自己留。

直到一年后，小猴子再次遇到了黑熊经理，他才知道，当时他的举动完全是为了证实小猴子的应变能力，因为黑熊当时想把小猴子调到外联部门做主任，而外联工作需要很强的应变能力。五年来小猴子给它的印象是工作踏实、性格沉稳，但是却不知道他处理突发事件的能力如何。所以，就想出了那个主意。小猴子听了之后心里十分后悔。他知道一切都迟了，他彻底败在那个被上司安排好的测试中了……

当受到不公平待遇时，当受了委屈时，意气用事是我们大多数人都会犯的错误，认为只有这样才能证明自己，才能显示自己的气节。殊不知，一个人无论做什么事都要三思而后行，如果单凭自己的一时意气用事，势必造成不堪设想的后果。当你觉得自己的判断并不十分准确或没有得到事实证明时，宁可耐着性子稍待些时日，多多考虑斟酌一番，以免草率行事。

小测试：你容易冲动吗？

俗话说“祸从口出”，我们也常常会在盛怒或是不经意之时，说出一些伤害朋友的话。想知道自己是不是冲动的人吗？

请从第一题开始回答，选出你较喜欢的选项，再依指示前往所对应的题继续回答，或前往“诊断分析”中的各类型加以对应。

Q1．你是否喜欢游泳呢？

不喜欢，其实我有一点怕水 → Q2

喜欢，游泳是唯一让全身都能得到锻炼的运动 → Q3

Q2．如果你必须找人问路，你会怎样选择？

同性或是老一辈子的人来问路 → Q4

不会特定，或是找长相好的异性来问路 → Q5

Q3．如果你正要出门，碰巧遇到大风雨，你会怎么做？

还是出门，难得老天爷下雨 → Q4

算了，干脆等雨停了再出去好了 → Q7

Q4．夏天天气实在太热了，这时一瓶清凉的饮料出现在你面前，你会怎么做？

当然是一口气把他喝完、喝干 → Q8

还是慢慢喝，总有喝完的一天 → Q6

Q5. 如果不小心让你遇到一场血淋淋的车祸，你可能会怎么样？

会有点不舒服，可是还是会继续看 → Q6

会感觉恶心，转头就走不会看下去 → Q7

Q6. 如果经济能力许可，你会选择怎样的穿着？

会买好一点的衣服，但不会刻意追求名牌 → Q9

应该会买名牌，因为名牌毕竟质感好且较有保障 → Q10

Q7. 你是否有常常忘记钥匙放在哪儿或忘了拿的习惯？

有啊，感觉上次数还不少的 → Q9

几乎很少，平时都会特别留意 → Q11

Q8. 你会不会为了偶像出现恋情而难过不已？

心真的很痛，没想到他竟然就这么被“抢”走了 → Q9

还好，一开始就知道彼此不可能，影响应该不会太大 → Q10

Q9. 你自己本身是否有美术天分呢？

没有，不是美术白痴就不错了 → A 型

有啊，虽然没受过训练，但总觉得有那样一份美感 → Q10

Q10. 你看电视时，是否很容易就跟着入戏？

是啊，明知道是假的却还是哭得稀里哗啦的 → C 型

还好，要感动我的戏剧其实并不多 → Q11

Q11. 独自一个人住在外面，你在家里会穿什么样的衣服呢？

反正没人知道，什么样的衣服都无所谓 → B 型

不会太随便，还是会维持一下形象 → D 型

诊断分析：

A 型的人：很小心的人。

你是一个很小心的人，事事谨慎的你在做决定的时候会细细评估，

结果就是因为想太多了，连该做的事都没去做，这样的你冲动指数不高，受人影响的指数却不低，所以极有可能会在旁人怂恿下做出意想不到的事。

B 型的人：外冷内热的人。

你是一个外冷内热的人，当你与不认识的人相识之初，会让人有一种严肃感。一旦认为对方可以信任的时候，你甚至会将家中私事告诉对方，小心哦，这种“熟悉就会让你变得冲动”的行为可能会让你受骗上当。

C 型的人：活泼开朗的阳光型人物。

你是一个活泼开朗的阳光型人物，拥有着乐于助人的个性，由于你常常会在不知不觉中将一些不该说的话脱口而出，久而久之，朋友们会认为你蛮冲动的。其实你也蛮无辜，只不过还是守口如瓶比较好哦！

D 型的人：很善于思考的人。

你是一个很善于思考的人，你的言行举止都是经过深思熟虑的，即使有人想要陷害你也很难。这样的你，冲动指数非常低，是个值得信赖的朋友，只不过，防御心强的你看起来朋友虽然很多，却比较缺少交心的对象。

第四章

别悲观：每天都是好日子

不要让悲观挡住了阳光

从前，有两个人结伴穿越沙漠。走到中途，水喝完了，其中一人因中暑而不能行动。同伴把一把枪递给中暑者，再三吩咐：“枪里有五颗子弹，我走后，每隔两小时你就对空中鸣放一枪，枪声会指引我前来与你会合。”说完，同伴满怀信心地找水去了。

躺在沙漠里的中暑者却满腹狐疑：同伴能找到水吗？能听到枪声吗？他会不会丢下自己这个“包袱”独自离去？暮色降临的时候，枪里只剩下一颗子弹，而同伴还没有回来。中暑者确信同伴早已离去，自己只能等待死亡。他想象到，沙漠里的秃鹰飞来，狠狠地啄瞎他的眼睛，啄食他的身体……终于，中暑者彻底崩溃了，把最后一颗子弹射进了自己的太阳穴。枪声响过不久，同伴提着满壶清水，领着一队骆驼商旅赶来，找到了中暑者温热的尸体。

中暑者不是被沙漠的恶劣环境吞没，而是被自己的恶劣心境毁灭。

悲观态度或乐观态度，是人类典型的两种心理倾向。

悲观者和乐观者在面对同一个问题时，会有不同的看法。下面是一个两种见解的典型范例。有两个见解不同的人在争论三个问题。

第一个问题——希望是什么？

悲观者说：是地平线，就算看得到，也永远走不到。

乐观者说：是启明星，能告诉我们曙光就在前头。

第二个问题——风是什么？

悲观者说：是浪的帮凶，能把你埋葬在大海深处。

乐观者说：是帆的伙伴，能把你送到胜利的彼岸。

第三个问题——生命是不是花？

悲观者说：是又怎样，开败了也就没了！

乐观者说：不，它能留下甘甜的果。

突然，天上传来了上帝的声音，也问了三个问题：

第一个：一直向前走，会怎样？

悲观者说：会碰到坑坑洼洼。

乐观者说：会看到柳暗花明。

第二个：春雨好不好？

悲观者说：不好！野草会因此长得更疯！

乐观者说：好，百花会因此开得更艳！

第三个：如果给你一片荒山，你会怎样？

悲观者说：修一座坟茔！

乐观者反驳：不！种满山绿树！

于是上帝给了他们两样礼物：

给了悲观者失败，给了乐观者成功。

同样是人，会有截然不同的人生态度。不同的人生态度会造就截然不同的人生风景；同样是人，会因截然不同的世界观，导致截然不同的人生结局。

不同的人生态度会造就截然不同的人生风景；不同的世界观会导

致截然不同的人生结局。无论面对怎样的环境，有着怎样的困难，都不能放弃自己的信念，要自信地迎接生活的挑战，绝不能让悲观挡住了阳光。

把自卑还给命运

湖南有一位大学生，毕业后被分配到一个偏远闭塞的小镇任教。看着昔日的同窗有的分配到大城市，有的分配到大企业，有的投身商海，而他充满梦想的象牙塔坍塌了，烦琐的现实，使他好似从天堂掉进了地狱。自卑和不平衡油然而生，他从此不愿与同学或朋友见面，不参加公开的社交活动。为了改变自己的现实处境，他寄希望于报考研究生，并将此看作唯一的出路。但是，强烈的自卑与自尊交织的心理让他无法平静，在路上或商店偶然遇到一个同学，都会好几天无法安心，他痛苦极了。为了考试，为了将来，他每每端起书本，却又因极度的厌倦而毫无成效。

几次失败以后，他停止努力，荒废了学业。当年的同学再遇到他，他已因过度酗酒而让人认不出他了。他彻底崩溃了，短短的几年成了他一生的终结。

这位大学生因为自己严重的自卑心理，不能自信地面对自己的生活和能力，而被击垮了。

自卑，就是自己轻视自己，看不起自己。自卑心理严重的人，并不一定就是他本人具有某种缺陷或者短处，而是不能容纳自己，自惭形秽，常常把自己放在一个低人一等，不被自己喜欢，进而演绎成别人看

不起的位置，并由此陷入不能自拔的境地。

自卑的人情绪低沉，郁郁寡欢，常因为害怕别人瞧不起自己而不愿意与别人来往，只想和人疏远，缺少朋友，甚至内疚、自责、自罪。他们做事缺乏信心，优柔寡断，毫无竞争意识，享受不到成功的喜悦和欢乐，因而感到疲劳，心灰意懒。

自卑其实是不可怕的，从某种程度上讲，自卑也是推动一个人不断自我完善的动力。但是，如果你已经认识到自己的自卑，而不愿意去进行自我突破的话，那么自卑对你来讲就是非常有害的。

不要以为自己很卑微

生活中有很多人都有程度不一的自卑感，他们对自己没信心。罗斯福夫人曾经说过："没有你的同意，谁也不能让你觉得自己差人一等。"一个人如果表现出自己是个充满活力与吸引力的人，人们就会这样看待你。如果你的仪态、眼神、衣着、面部表情与为人态度，时时反映出自信与自我肯定，别人自然会对你产生信任与好感。

原一平是一位保险推销员，他身高1.53米，其貌不扬，年龄不小。在他做这项工作的头半年里，他没有为公司拉来一份保单。他没钱租房，就睡在公园的长椅上。他没钱吃饭，就去吃饭店专供流浪者的剩饭。他没钱坐车，就每天步行去他要去的地方。

可是，他从来不觉得自己是个失败者，至少从表面上没有人觉得他是个失败者。自清晨从公园长椅上"起床"，他就向每一个碰到的人微笑，不管对方是否在意或者回报他的微笑，他都不在乎。而且他的微笑永远是那样由衷和真诚，让人看上去觉得他是那么精神抖擞，充满信心。

终于有一天，一个常去公园散步的大老板对原一平的微笑产生了兴趣，他不明白一个吃不饱饭的人怎么会总是这么快乐。于是，他提出请原一平吃一顿好饭，可被原一平拒绝了。他请求这位大老板买他的一份

保险，于是，原一平有了自己的第一笔业绩。这位大老板又把原一平介绍给许多商场上的朋友。

原一平的自信和微笑感染了越来越多的人，他最终成为日本历史上签下保单金额最多的保险推销员。他成功了，他的微笑被称为“全日本最自信的微笑”。他说：“走向成功的路有千万条，微笑和信心只是劝你走向成功的一种方式，但这又是不可或缺的方式。”

自卑的根源是过分低估自己的能力，过分重视别人的意见，并将别人看得过于高大而把自己看得过于卑微。这样一来，自然就产生出沉重的压力，并顺理成章地导致了自我压抑。一个自我压抑的人，在自我形象的评价上会毫不怜悯地贬损自己，不敢伸张自己的欲望，不敢在别人面前申诉自己的观点，不敢向别人表白自己的爱情，行为上不敢挥洒自己，总是显得拘谨畏缩。另一方面，一个自我压抑的人对外界、对他人，尤其是对陌生环境与陌生人，心存一种畏惧。出于一种本能的自我保护，他便会与自己畏惧的东西隔离和疏远。这样便将自己囚禁在一个孤独的城堡之中了。如果说其他消极情绪可使一个人在前进路上暂时偏离目标或降缓成功速度，那么一个长期处于自卑状态的人根本就不可能有成功的希望，甚至已有的成绩也不能唤起他们的喜悦、兴奋和信心，只是一味地沉浸在自己失败的体验里不能自拔，对什么也不感兴趣，对什么也没有信心，自己不愿走向人群，也拒绝别人接近。整个地与丰富多彩的生活隔绝，与人群疏远，自囚于孤独的城堡。

有些人自卑是因为他们身上存在某种先天缺陷，俗话说“尺有所短，寸有所长”，每个人都有自己的长处，也都有自己的短处，如果只看到自己的短处，看不到长处，就容易产生自卑情绪，其实有时某些短处是可以转化为长处的。

沙粒从小到大，做什么事都比其他孩子慢半拍，同学讥笑他笨，老师说他不努力，无论他怎么试图去做好、去改变自己，但是，他却从来也做不对。直到沙粒上了九年级后，才被医生诊断出患有动作障碍症。

高中毕业时，沙粒申请了十所最一般的学校，他想怎么也会有一所学校录取他。可直到最后，他连一份通知书也没有收到。后来，沙粒看了一份广告，上面写着："只要交来250美元，保证可以被一所大学录取。"结果他付了250美元，有一所大学真的给他寄来了录取通知书。看到这所大学的名字，沙粒即刻想起了几年前，一份报纸上写着有关这所大学的文章："这是一所没有不及格的学校，只要学生的爸爸有钱，没有不被录取的。"当时沙粒只有一个信念：我要用未来去证实这个错误的说法。

在这所大学上了一年后，沙粒就转到另一所大学。大学毕业后，他进入了房地产行业。22岁时，他开了一家属于自己的房地产公司。从此，在美国的四个州，他建造了近一万座公寓，拥有900家连锁店，资产数亿美元。后来，沙粒又进入到银行业，做起了大总裁。

一位"笨"孩子，他是怎么走向成功的呢？下面两点就是沙粒自己讲述的：

第一，每个人都有自己最强的一项，有人会写，有人会算，对有些人难的，对另一些人简直容易得如"小菜一碟"。我想强调的是：一定要做最适合自己的事情，不要迎合别人的口味而去做一件不属于自我，但是又要付出一生代价的"难事"。

第二，我从不跟自己的同学竞争，如果我的同学又高又大，跑得很快，而我又小又矮，为什么一定要跟他们比呢？知道自己在哪里可以停止，认清自己和周围的环境，这非常重要。把自己与别人比是毫无意义的，因为你根本不知道别人在生活中的目标与动力以及别人独一无二的能力。别人有别人的才干，你有你的才干。

其实，任何人都不是全能的，你在这方面实力弱，并不意味着你在所有的领域都处于劣势，同样的道理，暂时的胜负并不能决定人生最后的走向，即便你现在处于社会的底层，你也没有必要垂头丧气，自卑自贱，不要因为自己暂时低贱的身份而判定自己未来的生活格局；不要因自己的卑微，而用卑怯的声音与世界对话；不要因暂时的生活窘迫，而放弃了美好的理想。一个人只要永远高昂着不屈的头颅，那么全世界都会给他让路。

生活中有很多事物都受到自然条件的限制，然而自信却不受任何条件的限制，只要你愿意的话。我们完全可以让自己的希望永远生长在沃土中，不断地成长，不要因为任何小事而看不起自己。

战胜消沉，摆脱颓废

著名发明家贝尔费尽大半生的财力，建立了一个庞大的实验室。但不幸的是，因为一场大火，他一生的研究心血几乎付之一炬。

当他的儿子在火场附近焦急地找到父亲时，他看到已经67岁的贝尔居然静静地坐在一个小斜坡上，看着熊熊大火烧尽一切。

贝尔见儿子来找他，扯开喉咙叫儿子快去找妈妈来："快把她找来，让她看看这场难得一见的大火。"

大家都以为大火可能对贝尔造成了重大打击，但是他说："大火烧去了所有的错误。感谢上帝，我们又可以重新开始了。"

没多久，新的实验室建起来了。时至今日，贝尔实验室已成为科学家的摇篮。

生活中，经常有人像贝尔这样遭受意想不到的挫折，然而大多数人都绝望了、消沉了。其实心态消沉的人的命运只能是被大火吞没，而一旦走出消沉，成功就在不远处等你了。

23岁的赵袁从某名牌大学毕业后分配到某外资公司，与公司女职员小艺一见钟情。但同居两周后小艺毅然离去，留给赵袁的是一腔的惆怅和烦恼。平素爱说笑的他变得沉默寡言，开始失眠，情绪消沉，一天到晚昏昏沉沉，人变得越来越消瘦，终日兴味索然。他开始怀疑生活的意义，感到自己是这个世界上多余的人。他终日唉声叹气，口口声声："连累了父母，还不如死了的好"。

赵袁是由于恋爱遇到挫折而产生了消沉心理。消沉是指心灰意冷、沮丧颓唐的消极情绪。通常在以下几种情景中产生：一种是追求的目标脱离实际，看不到现实生活的复杂，由于力不从心而最后失败，消沉心理油然而生；一种是意志薄弱，遇到挫折就灰心失望、似乎命运总跟自己作对，处处不顺心、事事不如意，于是就显得精神萎靡，赵袁的情况就是如此；再有一种就是受错误人生观、价值观的影响，认为人生不过如此，看破红尘，把信念、抱负抛在一边，整天浑浑噩噩，消极混世，显得异常颓废。

消沉与躯体疲劳无关，常由对生活失去信心和希望造成，持续时间相对较长。如果长此以往，还可能达到"心死"的程度，容易演变为各种心理疾病。

乐观者的成功密码

乐观者在每次危难中都看到了机会，而悲观者在每次机会中都看到了危难。心理学家做过这样一个实验：他们让悲观和乐观的人做认知测试。先是让他们做测试的时候眼睛向下看，然后再将眼睛稍向上看。结果发现，当悲观者眼睛向下看时，他们在测试中表现得最好，而乐观者则在向上看时表现最佳。由此看来，悲观者和乐观者的成功，似乎自有其特殊的模式。悲观者并非不能成功，只是，你要找到开启成功大门的那把钥匙。

苏东坡是宋代著名文学家。他一生饱经宦海沉浮，始终保持达观性情。人生得意时，他可以筑一道苏堤，创一代画风;失意时，他可以拢田种地，写下“大江东去，浪淘尽，千古风流人物”的千古佳句。就像他自己说的那样:“吾上可陪玉皇大帝，下可以陪卑田院乞儿。”

乐观者的成功密码：凡事都要往好处想。

1. 对未来始终保持积极期待

对未来充满信心和期望，这是乐观者最核心的特质，它让乐观者以一种与众不同的方式处事，这在心理学上叫作皮格马利翁效应，也可以叫作“自我实现的预言”。即人在期待某一结果的时候，他的态度、思维和行为方式都会受到影响，他会以一种有利于目标实现的方式思考和

行动。

2. 以解决问题为中心的处事方式

从一件事的开始到结束，乐观者始终采取积极的应对策略，迎头面对一个个问题。不成功，对他们来说并不意味着失败，而只是出现了一个需要解决的新问题，他们会努力搜索各种信息，竭尽所能地想办法，轻易不会产生“完了！做不成了”的念头。

有人做过这样的实验，给乐观者和悲观者看同样一个由一堆各种形状的板块组合成的立方体，告诉他们，一会儿要把这个立方体拆散，这些被测者的任务是把散开的板块重新组合成一个立方体，时间不限。实验者没有告诉这些被测者，这实际上是一个不太可能解决的问题。悲观者不到二十分钟就放弃了，而乐观者却一直不想放弃，他们要求再多给一些时间。最后，实验者让他们停下来，问他们还需要多少时间，他们说，一定要拼凑成功再歇手，不管要花多少时间。

当人们相信某件事一定能够成功的时候，才有可能会坚持做下去，只有坚持做下去，成功才有可能。乐观者就是这种人，对成功的期望和相信，让他们总想着如何能达到目的，而坚持不懈地解决一个个不停出现的问题，就是他们最好的成功路径。

3. 积极地应对挫败

在乐观者成功的心理机制中，最了不起的，是他们应对挫败的方式。

我们假设这样一个情境:你在银行不幸遇到了劫匪，更不幸的是，劫匪开了一枪，正好打在了你的胳膊上。我们设定 -3、-2、-1、0、+

1、+2、+3，分别对应从“非常不幸”到“非常幸运”的七个等级，然后让乐观者和悲观者分别评定这件事幸运或是不幸的等级。悲观者给此事的分数大都是－3或－2，他们觉得这实在是太倒霉了。而一些乐观者，你相信吗，他们为此事打了＋3分，因为他们觉得，“子弹本来可能打死我的，但只是打伤了我的胳膊，这表示我还可以与之搏斗”；“子弹没打到头是件多幸运的事啊，没准你还可以把这事写成稿子，赚笔稿费呢！”

乐观者的思维方式就是这样与众不同，遇到坏事，他们总会想到积极的一面，或者比这更坏的情况。所以，乐观者总能保持积极的心态，始终期待美好的结局。

失败，霉运，挫折，在乐观者的生活里，似乎都变成了一种机会，让他们可以获得更多的成功，更好的生活。

太阳每天都是新的

每一天的太阳都是新的，每一天的你也都是新的。别太记着昨天的痛苦，过去的就让它过去；别太记着昨天的失败，今天的事情并不完全取决于昨天；别太记着昨天的遗憾，新的希望在前方等待着你。只有看淡过去的不平，才能勇敢坚定地向前冲。

1937年，薛尔德太太的丈夫死了，她觉得非常颓丧——她几乎一文不名。她写信给她以前的老板李奥罗区先生，请他让她回去做她以前的老工作。她以前靠推销世界百科全书过活。两年前她丈夫生病的时候，她把汽车卖了。现在她勉强凑足钱，分期付款又买了一部旧车，开始出去卖书。

她原想，再回去做事或许可以帮她解脱她的颓丧。可是要一个人驾车，一个人吃饭，几乎令她无法忍受。有些区域简直就做不出什么成绩来，虽然分期付款买车的数目不大，却很难付清。

1938年的春天，她在密苏里州的维沙里市，见那儿的学校都很穷，路很坏，很难找到卖书的客户。她一个人又孤独又沮丧，有一次甚至想要自杀。她觉得成功是不可能的，活着也没有什么希望。每天早上她都很怕起床面对生活。她什么都怕，怕付不出分期付款的车钱，怕付不出房租，怕没有足够的东西吃，怕她的健康情形变坏而没有钱看医生。让她没有自杀的唯一理由是，她担心她的姐姐会因此而觉得很难过，而且她姐姐也没有足够的钱来支付自己的丧葬费用。

然而有一天，她读到一篇文章，使她从消沉中振作起来，使她有勇气继续活下去。她永远感激那篇文章里那一句很令人振奋的话："对一个聪明人来说，太阳每天都是新的。"她用打字机把这句话打下来，贴在她的车子前面的挡风玻璃上，让她开车的时候，每一分钟都能看见。她发现每次只活一天并不困难，她学会忘记过去，不想未来，每天早上都对自己说："今天又是一个新的生命。"

最终，她成功地克服了对孤寂的恐惧和对需要的恐惧。她现在很快乐，也还算成功，并对生命抱着热诚和爱。她现在知道，不论在生活上碰到什么事情，都不要害怕；她现在知道，不必怕未来；她现在知道，每次只要活一天——而"对一个聪明人来说，太阳每天都是新的。"

生活中常有不公平的事情出现，你努力了，付出了，反而没有得到回报的事情也不仅出现在你的身上。

宠辱不惊，看庭前花开花落；去留无意，望天空云卷云舒。从这副对联中，我们可以深刻地体会到一位智者的人生态度。在如今这个喧杂的、浮躁的社会中，能做到坦然、平静地看待人生的人已经不多了，大多数的人不安下心来追求成功，反而只会埋怨社会，埋怨命运，在无意义的攀比中寻求安慰。

生命和生活有时候并不如我们想象中美好，它们对于我们每一个人的待遇都有所偏心，有的人确实生于荣华，处于风顺；有的人或许就没有那么多天生的优势。不过相信上帝在为你关上一扇窗的同时，肯定为你打开一扇门。看淡这些不平，才能潜心去做正经的事情。我们的心和胸怀就那么大，如果装满了埋怨和愤愤不平，又怎么能有心思去探索自己的梦想呢?

生活的真谛是淡然。面对人生的不公，不可强求，安心做好自己的事情就够了。

小测试：自卑心理，你有吗？

你有自卑心理吗？有没有想过是什么让你产生自卑感的呢？是技不如人还是对自己要求过高？这项测试会对你存在的自卑心理加以分析、量化。

对下列题目作出“是”或“否”的回答。

1.你觉得像自己这样的年龄应该更高一些吗？（是）（否）

2.你对自己的容貌满意吗？（是）（否）

3.你是否不太喜欢镜子中看到的自己？（是）（否）

4.你觉得自己的身体不够强壮吗？（是）（否）

5.别人给你拍照时，你对拍出使你满意的照片有信心吗？（是）（否）

6.你觉得自己比其他人过得好吗？（是）（否）

7.你相信自己十年后会比其他人过得好吗？（是）（否）

8.你是否常被人家挖苦？（是）（否）

9.是否看上去很多同学不太喜欢你？（是）（否）

10.你常常有“又失败了”的感觉吗？（是）（否）

11.你的老师对你的学习成绩感到失望吗？（是）（否）

12.做错什么事之后，你常常会很快忘却吗？（是）（否）

13.与同学一起的时候，你是否常常扮演听众的角色？（是）（否）

14.你经常在心理默默祈祷吗？（是）（否）

15.你认为自己使父母感到失望吗？（是）（否）

16.你是否经常回想并检讨自己过去的不良行为吗？（是）（否）

17.当与别人闹矛盾时，你通常总是责怪自己吗？（是）（否）

18.你是否不喜欢自己的性格？（是）（否）

19.别人讲话时，你经常打断他们吗？（是）（否）

20.你是否从不主动向别人挑战？（是）（否）

21.做某件事时，你常常缺乏成功的信心吗？（是）（否）

22.即使不同意对方的观点，你也不习惯当面提出反对意见吗？（是）（否）

23.你是否自甘落后？（是）（否）

24.你对未来充满信心吗？（是）（否）

25.在班级里，你对自己的成绩进入前几名不抱希望吗？（是）（否）

26.参加体育运动后，你总是感觉自己不行了吗？（是）（否）

27.遇到困难时，你常常采取逃避的态度吗？（是）（否）

28.当你提出的观点被人反对时，你是否马上会怀疑自己的正确性？（是）（否）

29.如果别人没有征询你的看法，你会主动发表自己的意见吗？（是）（否）

30.对自己反对做的各种事情，你总是充满自信吗？（是）（否）

评分规则：

第2、7、12、19、24、29、30题答“是”记0分，答“否”记1分。其余各题答“是”记1分，答“否”记0分。各题得分相加，统计总分。

评价：

你的总分在0～5分：你充满了自信，只要注意别自满和自负。

你的总分在6～10分：总的来说，你并不自卑。但当环境出现变化时，也会感到有些难以适应，对自己的能力有所怀疑。一般情况下，你最终能够恢复自信。

你的总分在11～20分：只要一遇到挫折，就会感到自己不行。你最好降低一下自己的期望值，调整自己追求的目标，以便从每次小的进步中享受成功的欢乐，逐步建立自信。

第五章

避忧郁：在心灵世界里轻舞飞扬

知足才能常乐

在一个村庄里，住着一位瞎爷。

瞎爷的左眼是在他9岁那年瞎的。一次高烧之后，他忽然对他的爹娘说："我的左眼看不见东西了！"两位老人一惊，忙过来用手在他左眼前晃，而那只左眼果然像坏了的钟摆一样一动不动。他爹娘顿时泪流满面，一个独生的儿子瞎了一只眼睛可怎么办呀！没料到爹娘哭得伤心的时候，他却缓缓地说："爹、娘，你们哭啥，应该笑才对！这场病不是只弄坏了我一只眼吗？左眼瞎了，右眼还能看得见呢！总比两只眼都弄坏了要好嘛！你们想一想，我比起世界上的那些双目失明的人，不是要强多了吗？"儿子的一番话，先是把两位老人惊呆了，后来想想也有理，于是停止了流泪。

他的家境不好，爹娘无力供他读书，只好让他去私塾旁听。他的爹娘为此十分伤心，瞎爷当时却劝道："我如今也已识了些字，虽然不多，但总比那些一天书没念，一个字不识的孩子强多了吧！"爹娘一听也觉得安然了许多。

后来，瞎爷娶了个嘴巴很大的媳妇。爹娘又觉得对不住儿子，瞎爷劝他们说："能娶到这样的一个媳妇已经很不错了，和世界上的许多光棍汉比起来，简直可以说是好到天上去了！"这个媳妇勤快、能干，可脾气不好，不温柔、不驯服，把婆婆气得心口疼。儿子劝道："娘，你这个媳妇是有些不大称你的心意，可是你想想，天底下比她差得多的媳妇还有不少。你的儿媳妇脾气虽是暴躁了些，不过还是很勤快，又不骂人。”爹娘一听真有些道理，就不生气了。

瞎爷的孩子都是女儿，于是媳妇总觉得对不起他们家，瞎爷又劝他的媳妇道：“这有什么值得愧疚的呢？我认为你还是个很有能耐的女人哩！世界上有好多结了婚的女人，根本就没有孩子，别说5个女儿，她们连一个女儿都生不出来。咱们这5个女儿，等到长大之后就会有5个女婿，日后等咱们老了，逢年过节的时候，5个女儿女婿一起提了酒、拎了肉回来孝敬咱们两个老人，那该多热闹！那些虽有儿子几个，却妯娌不和，婆媳之间争得不得安宁，我们与这样的家相比，不知要强多少倍！”

瞎爷家确实很贫寒，妻子实在熬不下去了，便不断抱怨。瞎爷说：“你只跟那些住进深宅大院、家有万贯资财、顿顿吃肉喝酒的人家相比，你自然是越比越觉得咱这日子是没法过了，但是你只要瞧瞧那些拖儿带女四处讨饭的人家，白天饱一顿饥一顿，晚上睡在别人家的屋檐下，弄不好还会被狗咬一口，你就会觉得咱家这日子还真是不错。虽然咱没有馍吃，可是咱们还有稀饭可以喝；虽然咱们家买不起新衣服，可是总还有旧的衣裳穿；咱们家这房子虽然有些漏雨的地方，可总还是住在屋子里边，和那些讨饭维持生活的人相比，咱们家的日子可以算是天堂了……”

瞎爷老了，想在合眼前把棺材做好，然后安安心心地走。可做的棺材属于非常寒酸的那一种，妻子愧疚不已，瞎爷劝说：“这棺材比起富豪大家们的上等柏木是差远了，可是比起那些穷得连棺材都买不起，尸体用草席卷的人，不是要强多了吗？”

瞎爷活到72岁，无疾而终。在他临死之前，对哭泣的老伴说：“有啥好哭的，我已经活到72岁，比起那些活到八九十岁的人，不算高寿，可是比起那些四五十岁就死了的人，我不是好多了吗？”

瞎爷死的时候，面孔安详，脸上还留有笑容……

瞎爷的人生观，正是一种乐天知足的人生观，只和那些境况不如自己的人相比，而永远不和那些比自己强的人攀比，并以此找到了快乐的人生哲理。

知足是一种境界，知足的人总是微笑着面对生活，在知足的人眼里，世界上没有解决不了的问题，没有过不去的河，他们会为自己寻找合适的台阶，而绝不会庸人自扰；知足是一种大度，大“肚”能容天下事，在知足者的眼里，一切过度的纷争和索取都显得多余，在他们的天平上，没有比知足更容易求得心理平衡的了；知足是一种宽容，对他人宽容，对社会宽容，对自己宽容，这样才会得到一个相对宽松的生存环境，这难道不值得庆贺吗？知足常乐，也正是这个意思。

忧郁情绪与心理控制力

人在生活中都会经历一些小的失意，有人遇到这些失意时，无法控制自己的心理，觉得一切都不如人意，忧郁不安，悲观自怜，结果更加失意，以致失去了幸福和欢乐。正确思维应是寻找产生沮丧和悲观心理的原因，一旦找到并能做出答复，就可能幡然醒悟，得以解脱。

控制沮丧和悲观心理的一个办法是，避免老是看到自己的不足，而应突出自己的优势，重视自己的优势。随着你有意的积极思维自然而然地增加，消极思维就自然地减少了。突出优势的另一面是最大限度地削弱失败的影响。尽管无法避免偶尔的失败，但是你可以控制失败对自己的影响。承认失败是生活中的一部分，会使自己情绪好一些。过分强调失败，只会降低自信，使自己处于沮丧之中。

一个沮丧悲观的人老待在屋子里，便会产生被禁锢的感觉。然而，当他离开屋子，漫步在林荫大道时，就会发现心绪突然变了，怒气和沮丧也消失了，心中充满了宁静，自然的色彩给他带来阵阵快意。另外，任何一种体育锻炼都有助于克服沮丧，经常参加体育锻炼会使人精神振奋，避免消极地生活下去。

“积极想象法”会使你对生活更乐观。你可以想象自己做了一些想做的事后度过一段非常愉快美好的日子。要知道，任何事情在想象中都是可能的。当你打算参加某项活动而又心存恐惧时，就对自己说：“我能做好这件事，我比别人更善于控制自己的生活。”这种语言暗示法的好处是你对自己所说的话语往往能影响你的自我感觉，明显改善沮丧情绪。

鲁冠球，浙江万向集团董事长，曾是世界著名财经杂志《福布斯》统计的中国内地富豪榜中排名第四的人。他是一个白手起家的企业家，更是一个不怕困难、艰苦创业的强者。

鲁冠球15岁辍学，当了一个打铁的小学徒，经过3年的学徒生活，鲁冠球对机械农具非常熟悉，也使他对机械设备产生了一种特殊的情感。1969年，他大胆接管了宁围公社农机厂。事实上，当时的这个农机修配厂只是一个只有84平方米破厂房的烂摊子，经济效益不好，眼看着就有支撑不下去的危险。宁围公社农机修配厂以前生产的万向节产品仍然大量积压在库房中。因为产品没有销路，企业效益不好，根本拿不出钱来给职工发工资，当时已经拖欠了职工半年的工资了。面对着刚接过手的难题，鲁冠球没有退缩，也有愁眉苦脸。他积极地行动起来，仔细分析厂子的情况，对症下药。鲁冠球有着良好的心理控制能力，他总是面带笑容，不但给了自己鼓励，也把整个厂子的气氛带动起来，人人都觉得这笑容就是代表厂子有救了。鲁冠球组织30多名业务骨干，兵分几路，天南海北，到处探听汽车万向节的生产销售情况，周旋于各地汽车零配件公司之间，为产品找到了销路。后来，他又将一个铁匠铺向汽车零部件生产的方向转变，一步一步地从困难中走向了光明。

困境不可避免，困境折磨人心。如何面对困境？逃避不是办法，最好的办法就是用微笑去面对。困境是上天赐予的礼物，你只有微笑地去接受它，打开它，弄明白它，你或许才能真正享受到上天的恩赐。很多人在遇到困难的时候，只会垂头丧气，以至于使自己深陷其中不能自拔。困境是筛选人才的漏斗，勇敢地接受它，克服它，你或许才能避免被筛去的危险。看那些成功的人，无一不是拥有着强大的心理控制力，敢于对生活微笑的人！

负面情绪不断累积的结果

负面情绪不断累积便产生了忧郁。而心态的失衡，以及对不良心态的放纵，没有及时制止不良情绪的蔓延，是导致负面情绪不断扩散，进而将这种影响固定下来，并在之后的时间里不断强化的结果。

所谓“人倒霉的时候，喝凉水都塞牙”，事实上就是心态失衡后，没有及时让心态回归平静，而是放纵不良心态的典型案例。我们可以设想这样一个画面：

小杨因工作表现不佳，受到上司的严厉批评，心中不服，脸上挂不住，这时候的心理肯定是怨恨、愤怒、不满等交织着。他回到办公室忍不住发泄自己的情绪，他很重地撞上了门，结果由于力量太大，震碎了窗户上的玻璃，而掉下来的玻璃恰好砸在他自己身上，他觉得自己太倒霉了。然后，愤怒的他一屁股坐在椅子上，由于用力过猛，椅子翻了，自己摔在地上，扶着桌子起来的时候没看见丢在桌子上的大头针，结果扎伤了手，他觉得自己简直倒霉到家了……

在心理学上，有一个“踢猫效应”，说的是：一个父亲在公司受到了老板的批评，回到家就把在沙发上跳来跳去的孩子臭骂了一顿。孩子心里窝火，狠狠地去踢身边打滚的猫。猫逃到街上时，正好一辆卡车开过来，司机赶紧避让，却把路边的孩子撞伤了。这个心理学效应描绘的是一种典型的坏情绪的传染。人的不满情绪和糟糕的心情，一般会随着社会关系链条依次传递，由地位高的传向地位低的，由强者传向弱者，无处发泄的最弱小的便成了最终的牺牲品。其实，这是一种心理疾病的传染。

如果把这个效应中的父亲、孩子、猫、司机都看作一个人的不同状态，那么，我们就可以很明显地看出，忧郁就是这样的坏情绪被不断传染和累积。一些人之所以最后被忧郁侵袭，就是因为他们将上一次的坏情绪一直传染给下一次的自己，让自己的心态一直处于失衡状态，整个人也被坏情绪包围着。

具体来说，导致人们忧郁的原因有以下几个方面：

1. 遗传基因

抑郁症跟家族病史有密切的关系。研究显示，父母其中一人得抑郁症，子女得病概率为25%；若双亲都是抑郁症患者，子女患病率提高至50%～75%。

在完全相同的孪生子中，这个数值还要大。如果孪生子中有一人患抑郁症，那么另个人在一生中患抑郁症的可能性是70%。然而，在有明显抑郁症家族史的人中，许多人甚至在持续紧张的情况下也从来不得这种病。反过来，有些患抑郁症的人根本没有抑郁症的家族史。

2. 环境诱因

令人感到有压力的生活事件及失落感也可能诱发抑郁症，如丧偶、离婚、丢掉工作、财务危机、失去健康等。日常压力对我们的身体也有

看不见的不良影响，事实上还可以促成更大范围的疾病，包括心脏病、感冒和抑郁症。对于容易患抑郁症的人，如果持续处于暴力、忽视、虐待或贫穷之中，那么更可能会患上这种病。

3. 人格特质

性格自卑、自责、悲观、有不良的思维模式、过分烦恼或者感觉几乎无法控制生活事件的人，都较易患上抑郁症。

4. 抽烟、酗酒与滥用药物

过去，研究人员认为抑郁症患者能借助酒精、尼古丁与药物来舒缓抑郁症情绪。但新的研究结果显示，使用这些东西实际上会引发抑郁症及焦虑症。

5. 饮食

缺乏叶酸与维生素B_{12}可能引起抑郁症状。

假如生活欺骗了你，请不要忧郁

有一个朋友在工厂工作，薪水、福利都不错，却有许多不为人知的辛劳。每月三班的轮值，严重地打乱了正常的生理时钟。时常暴露于有毒的环境中，即使穿着防护衣，健康检查的报告上，还是“不合格”。虽然公司规定是双休日，但每个月还是要固定加班，就连新年，也不例外。朋友只能告诉自己，过几年就好了！原本活泼开朗的他，最近却对任何事都不感兴趣了，经医生的诊断，才发觉得了抑郁症。

生活中，忧郁就好像透过一层黑色玻璃看一切事物。无论是考虑你自己，还是考虑世界或未来，任何事物看来都处于同样的阴郁而黯淡的光线之下。“没有一件事做对”；“我彻底完蛋了”；“我无能为力，因此也不值一试”；“干什么都没意思”。当你考试、工作中出了一点毛病，或思想开了小差，你就认为“我已经失去了做好它的能力”，好像你的能力已经一去不复返了。

回想过去，你的记忆中充满着一连串的失败、痛苦和亏损，而那些你曾经认为是成就或成功的事情，以及你的爱情和友谊，现在看来都一文不值了。

心情的舒缓、快乐是忧郁的天敌，即使你现在还不认为你有资格享受自己的欢乐，至少你也应该做你自己所喜欢的事情。无论学习、工作怎么忙，压力多么大，你也必须找时间来让自己轻松一下，做一点自己喜欢或者觉得能让自己高兴的事情。这样，眼前的欢乐不仅能帮助你解除现在的忧郁，更能帮助你预防未来的忧郁。

你有敏感多疑的“嗜好”吗

在工作和生活中，很多人都有过这样的经历，比如有的人给朋友打电话，对方没接；发短信，对方没回。于是就开始琢磨：是不是对方对自己有意见，不愿意接电话，还是正在和别人吃饭，没空儿回短信。可是，他和别人吃饭为什么不叫上自己呢？他们什么时候定的这个事儿，自己怎么一点儿都不知道呢？

一些人之所以因为一些小事就忧郁，就是因为他们过于“见微知著”了。他们善于抓住细节，然后从细节拓展、延伸出去，像个几何学家一样，试图通过步步论证得到自己想要的结果，而且他们也确实做到了。但是这样的结果往往是他们一厢情愿的，和客观事实相去甚远。

还有一些人在这样的事情上总能够发挥福尔摩斯的侦探本领，寻根问底，不放过任何的蛛丝马迹，并且充分发挥想象力，为自己制造一大堆根本不存在的麻烦出来，然后把所有的精力都投入到担忧和猜测中，疲于奔命。

很显然，这样的做法起因于敏感多疑，不是就事论事，而是无事生非。这样的心态是外力无法改变的，因为在这种心态作用下，人会抓住所有的细节，任何的事情都可能成为引发他不断滋生烦恼的诱因。

张女士今年38岁，是一家大型公司的主管，事业蒸蒸日上，享受

年薪几十万元的高待遇，本该是春风得意，但是，近来她却总感到精神高度紧张。原因是公司引进好几位女研究生，她发现经理对那几个年轻人格外热情，自己好像被忽视、冷落了。于是，她感到了一种莫名的失落，她开始失眠，并出现头疼、头昏、注意力无法集中等症状。

她去看了医生，可是那些症状不但没有减轻，反而有加重的趋势，甚至还出现了心律不齐、心慌、气短和喉头堵塞感。这让她几乎绝望，甚至有自杀的冲动。

张女士的这种消极心理是被自己不良的心理暗示吓出来的。有关研究人员发现，敏感多疑的人常常使自己处于忧心忡忡的心理状态之中，总担心自己会被别人“挤”下去，并不断给自己的心理加压，终日处于紧张、焦虑的竞争状态之中，自信心逐渐消失殆尽，最终导致心理崩溃，出现种种“心衰”症状。

多疑是一种完全由主观推测而产生的不信任，也是一种自我暗示的心理。心理多疑的人，在认识事物的时候往往预先主观地设定了一个框框，然后据此来观察事物，按图索骥，按框取舍获得的信息，结果把生活中许多无关的事情联系在一起，甚至无中生有地制造出各色“证据”，从而使自己的主观假设得以验证和自圆其说，并陷入难以自拔的恶性循环之中。多疑不仅可以针对别人，也可以针对自己，疑病心理便是自我多疑的典型例证。多疑是一种极其不良的心理品质，对人的学习、工作、交往和家庭生活具有很大的破坏作用。

生活中多疑的人常把自己放进“恶性循环”的轮盘中，由恶生恶，连绵不断，想停也停不下来，而且，还在抗争中加速轮盘的转动，最终变成了不断地痛苦着。当心理的失衡和承受能力达到极限的时候，也就是身体出现问题的时候。

摆脱精神压抑的4种方法

精神压抑是一种较为普遍的消极情绪。心理学上指个人受到挫折后，不是将变化的思想、情感释放出来、转移出去，而是将其抑制在心里，不愿承认烦恼的存在。压抑能起到暂时减轻焦虑的作用，但不能使其完全消失，而是变成一种潜意识，从而使人的心态和行为变得消极和古怪起来。

压抑心理存在于社会各年龄阶段的人群中，它与个体的挫折、失意有关，容易产生使人自卑、沮丧、自我封闭、焦虑、孤僻等病态心理与行为。挫折与压抑感之间互为因果，形成一个恶性循环圈。

蒋健是某公司的销售代表，已经从事销售行业近五年，业绩一直不错，可是最近他的事业遇到了挫折，他将公司一项很重要的生意搞砸了。为此，老板狠狠地训了他一顿，他心中感到不平，因为无论如何，他也为公司立下了汗马功劳。但为了这份还算不错的工作，他忍了下来。可是屋漏偏逢连夜雨，相处几年的女友又提出要和他分手，理由很简单，女友说和他在一起没有感觉了。蒋健实在无法理解这个蹩脚的理由，但也没办法，毕竟女友决心已下，似乎很难更改了。他感到很痛苦，面对工作和爱情的双重挫折，他的心情非常压抑，除了工作必需，平时他也不爱说话了，性情变得越来越孤僻。

蒋健是因为工作和生活中遇到了挫折，没有及时地调整自己的心理状态，从而产生了压抑情绪。

精神压抑使人产生心理压力，我们要认识压抑心理的危害性，做好自我调适工作。

1.心理压抑时，不妨读些至理名言，重拾信心

遇到挫折，应先从自己的主观方面去寻找原因。“勤能补拙”，用自己的勤奋特长去弥补不足之处。同时，多读一些圣贤名人的成功历程的书。圣贤名人之所以成功，就是他们能从挫折中走出来。人的一生会遇到许多挫折，如何战胜挫折，到达成功的彼岸，圣贤们的思想与足迹能予以我们许多启示。要停止自我比较，不要担心自己不如别人，要自己接受自己，确立一种自强、自信、自立的心态。

2.做一个生活计划表

为了与懒惰作斗争，不妨列出一个工作、学习、生活日程表，包括晨练、读书、工作、交友、上街、娱乐等。不论大小事情都列入其中，并认真、专心地去做。

3. 参加社交活动，在与人交往过程中感受生活的乐趣

心理压抑者可做些志愿性的工作，如到社区服务或帮助邻居行动不便的老人购物，心情就会好些。因为只要有同情心，能够理解别人，你的心情也会轻松起来。同时，你不妨每天做些激烈的活动，如朋友联欢会、聚餐或看电影等。

4.走进大自然，舒展你的身心

当你精神压抑时，可漫步于田间地头，跋涉于山水之间，置身于大自然的怀抱，也许会让你产生许多联想与灵感，悟出人生哲理，以调适自己的不适心态；也可以进行呼吸性的锻炼。例如散步、慢跑、游泳和骑车等，可以信心倍增、精力充沛。因为这些活动让你的肌体彻底放松，从而消除紧张和焦虑的心情。

晒晒你的“心理账户”

“心理账户”是一种有趣的心理现象，对人的行为有直接的影响。

如果今天晚上你打算去听一场音乐会，票价是200元，在马上要出发的时候，你发现把最近买的价值200元的电话卡弄丢了。你是否还会去听这场音乐会呢？大部分人仍然会去听。可是如果情况改变一下，假设你昨天花了200元买了一张今天晚上的音乐会门票。在你马上要出发的时候，突然发现门票丢了。如果你想听音乐会，就必须再花200元买张门票，你是否还会去听呢？结果却是大部分人回答说不去了。

其实，仔细一想，这两种结果损失的钱是一样的。不管丢的是电话卡还是音乐会门票，总之是丢失了价值200元的东西，从损失的金钱上看，并没有区别。之所以出现上面两种不同的结果，其原因就是大多数人的“心理账户”的问题。

如果将“心理账户”做个延伸，我们就会发现，每个人的“心理账户”并不仅仅是管钱的，还管理着伤心、痛苦、高兴等不同的情绪。我们假设两次伤害的程度是一样的，那么，对一般人来说，如果这个伤害是别人造成的，那他的心里会非常委屈，甚至是异常愤怒；如果这个伤害是自己的原因造成的，那程度就要轻很多。因为相对于原谅别人来说，人总是善于原谅自己。

人们还有一种普遍心理，那就是遭遇困难和挫折的时候，很善于寻找客观原因，把责任“转嫁”出去，使自己的心理很快就能恢复正常。但问题是，这样的做法显然掩盖了问题的实质，没有真正找到错误的根源，就难以避免同样的错误再次发生。“好了伤疤忘了疼”就是明证。

事实上，“心理账户”体现的是一个人的心理能力，或者说是一个人对自我的综合评价。“心理账户”中的“存款”，是每个人在从小到大的成长过程中，一点一滴积蓄起来的。有的人“心理账户”中的存款很多，有的人却很少；对同一个人来说，有的时期“心理账户”的存款很多，有的时期会减少。

“心理账户”代表一个人的心理能量。同样的一件事情，不同的人会有不同的感觉和行动力。比如遭遇塞车，有的人觉得着急也没用，与其生闷气，还不如趁这个机会休息一下，或者和周围的人聊几句，放松一下紧绷的神经，并考虑以后可以改走别的路，再不行就乘坐公共交通；有的人则是怨气冲天，嫌车多了，嫌路窄了，嫌回去晚了，嫌白浪费时间了，他觉得只有不断地发牢骚、发泄，才能抵消因塞车给自己带来的损失。

事实上，两种态度的结局一目了然，前者保持了心态平和，不生气就是保持健康的一种方式，而且还利用塞车的时间休息、交际，都是一种收获；相反，后者不但没有抵消塞车给自己带来的损失，还因为发牢骚导致心情不好，影响身体健康，白白浪费时间，反而加重了损失。

这样的表现都和“心理账户”有关，也就是“心理账户”上的“存款”，心理承受能力和能量能否达到收支平衡。

一个“心理账户”富有的人，做任何事情都会给人一种很自信的印象；而一个“心理账户”贫乏的人，做任何事情都会给人一种犹犹豫豫、进退两难感觉。

在一个人对自我的评价很高、心理能力也很强的情况下，他对任何

变化或困难都能够表现得坦然，也能担当。但是对一个自我评价较低的人，在他心理承受范围之内的事情，可能就会愿意去做，或者这些事情能够让他感到自己是“有价值的”；一旦他感到有些困难，有可能超出自己的水平或能力时，就会下意识地以各种现实“借口”去躲避这些任务或变化，从而使自己的“心理账户”不至于“亏损”。

对于忧郁的人来说，他们的“心理账户”是出现了较大亏损的。他们不是在不断地透支积极、正面、平和的情绪，而上不断在索取焦虑、抱怨、痛苦、担忧的情绪，这样的“亏损”使得他们总是对一件事情纠缠不休，不能很快地原谅自己、原谅别人，即使是一种客观原因，他们也总是难以释怀，并据此不断地胡思乱想，难以很快摆脱事情带来的负面影响。

一个女孩出身名校，外企白领，有房有车，但承受的压力也是巨大的。她每天都忙得团团转，更重要的是她根本体会不到快乐，她感觉自己的生活都被压力、责任、忙碌、业绩、客户、出差等充斥着。

这样的生活让她感到疲惫，慢慢地，她会莫名其妙地沮丧、孤独、脆弱、厌食、浑身无力、失眠，全身不适甚至包括皮肤都不适，头像沉重的石头压迫着空空的脑袋，无力集中精神做任何想做或必须做的，哪怕原来很感兴趣的事。

原本以为躺着是唯一能做的，无论睁眼还是闭眼，这对常人来说都是惬意的休息方式，对她来说却与死无异。

“坚持”是她对自己和别人说得最多的字眼，因为只有这一个信念才能让她活下来。在以后的生活里，她一直在忍受痛苦和放弃生命的矛盾中挣扎着，曾经的梦想夏花一般短暂绽开又泯灭。

让心理长时间处于失衡状态的结果，就会使整个人的心态都走向了负面，完全看不到正面、积极的东西。所以，他们会表现得：

1. 长吁短叹

心中憋着一口气，作为本能反应，经常是长吁短叹、埋怨不止。他们总抱怨自己的命不好，牢骚多，认为自己是全世界最不幸的一个。他们更多地看到事情的阴暗面，无视积极因素的存在。

2. 悲观失望

因为悲观厌世，往往处于一种“三无心态”：没有理想、没有活力和没有兴趣。这样的人身上缺乏活力，缺乏拼搏奋斗的精神。他们也想改变，但是不肯付出代价。

3. 猜疑心强

猜疑别人的举动，而且总是从最坏的方面去猜疑。

4. 过度失落

对社会、对他人、对自己都有较高的期望值，对实现美好愿望的艰巨性、复杂性估计不足，于是造成了巨大落差，产生强烈的失落感，强化了失望、失意感，时间一长，消极情绪体验慢慢地积淀下来，形成了忧郁的习惯。

5. 走极端

缺乏足够的社会适应能力，而本身又不能很好地调节压抑的情绪，

社会心理承受能力相当低下，个性特别脆弱，容易走极端。

6. 自卑

不开朗，心眼太小，过分认真又摆脱不了烦恼，因而经常是低沉的、沮丧的、自卑的、无望的，这种个性特点决定了他们常常陷入“自己折磨自己”的误区。

如果你的“心理账户”也出现了某种程度的亏损，那就尽快想办法让“收支”尽量达到平衡吧。当然，一定要选择“合法的”、“光明正大的”、“积极有效的”办法。

小测试：你有抑郁特征吗？

你是否有抑郁特征呢？这里提供了一个抑郁倾向自我评分标准，共有20个条目，每一条且分4个评分等级：没有（0分）、少有（1分）、常有（2分）、一直有（3分）。评定时间为一周。

1.因一些小事而烦恼。

2.胃口不好，不太想吃东西。

3.即使有家属和朋友帮助，仍然无法摆脱心中的苦闷。

4.觉得自己和一般人一样好。

5.在做事时无法集中自己的注意力。

6.感到情绪低落。

7.感到做任何事都很费力。

8.觉得前途是有希望的。

9.觉得自己的生活是失败的。

10.感到害怕。

11.睡眠情况不好。

12.感到高兴。

13.比平时说话要少。

14.感到孤单。

15.觉得人们对自己不太友好。

16.觉得生活得很有意思。

17.曾哭泣。

18.感到忧虑。

19.觉得不被人们喜欢。

20.觉得无法继续日常工作。

如总分≤15分为无抑郁症状；如果总分大于16分，就应引起重视，及时到专业医院咨询和治疗。

第六章

除焦虑：很多事情并非你想象的那么糟糕

你没有理由烦恼焦虑

现代社会中，生活赐予我们的越多，我们往往就越觉得所有的一切都是理所当然的。然后，我们对生活的期望值也就越高。看一看我们拥有的这一切，金钱、容貌、智慧……有这么多，而我们却依然会为了一些不完美的缺憾烦恼焦虑。

刘丽拥有一个殷实的家庭，住豪华公寓，从来不用为钱发愁。而且，她年轻、聪慧。

和她一起外出是一件令人快乐的事。在餐厅里，你会看到邻桌的男士频频望向她，邻桌的女士为她相互窃窃私语……她无论在哪儿，都是众人瞩目的焦点。

不过，当所有闲聊终止的时候，这样的一刻出现了：刘丽开始向你讲述她幸福背后的烦恼——她为减肥而打瘦身针，她为保持体形而做各种努力，她得了厌食症，等等。总之，这些所谓的“烦恼”，令她无比焦虑。

你应当知道：生活并不完美，生活从来也不必完美！许多人都听过“超人”克里斯托夫·瑞维斯的故事。他曾经又高、又帅、又健壮、又知名、又富有。可是，一次，他不慎从马上跌落下来，摔断了脖子。从此，他不能再自由地走动了。现在，他坐在轮椅里……

不过，瑞维斯和刘丽有所不同：他感谢上帝让他保留了一条生命，使他可以去做一些真正有意义的事——为残疾人事业作贡献。而刘丽则是为自身美中不足的缺憾而烦恼。

生活不可能完美，不可能完全如你所愿，而那一点不如意并不是你烦恼焦虑的理由。有的人比我们不幸得多，却还在尽自己所能积极地生活，我们又有什么理由和必要，因为那一点不如意而解不开心结呢?

阻止焦虑越位，让事业走高

焦虑是一种没有明确原因的、令人不愉快的紧张状态。适度的焦虑可以提高人的警觉度，充分调动身心潜能。但如果焦虑过火，则会妨碍你去应付、处理面前的危机，甚至妨碍你的日常生活。

处于焦虑状态时，人们常常有一种说不出的紧张与恐惧，或难以忍受的不适感，主观感觉多为心悸、心慌、忧虑、沮丧、灰心、自卑，但又无法克服，整日忧心忡忡，似乎感到灾难临头，甚至还担心自己可能会因失去控制而精神错乱。在情绪上整天愁眉不展、神色抑郁，似乎有无限的忧伤与哀愁，记忆力衰退，兴味索然，注意力涣散；在行为方面，常常坐立不安，走来走去，抓耳挠腮，不能安静下来。

心理学研究表明，导致焦虑的原因既有心理的因素，又有生理因素的参与，同时，人的认知功能和社会环境也起重要作用。

焦虑不但解决不了任何问题，反而在紧要关头坏事；既然如此，不如心平气和地面对一切。当你有这种想法的时候，离解决麻烦已经不远了。

刚刚参加工作的张凡最近一段时间不知道为什么，老是为一些微不足道的小事忧虑，以至于影响了正常的工作和生活。

一次，张凡买了一个用来盛饭的小塑料盒。买完后，突然他脑子里冒出一个问题："这是不是聚乙烯的？"几年前，张凡记得自己曾看过一篇文章，好像是说聚乙烯的产品是有毒的，不能盛食物。这下张凡神经绷紧了：自己买的这个小塑料盒会不会有毒？毒素逐渐进入我的体内怎么办？张凡万分忧虑，但不用它又不行，况且圆珠笔、钢笔、牙刷等也是塑料制品，天天都沾，如果都有毒，这不是让人活不成了吗？

有一天，张凡又为头上的两个"旋儿"而苦恼起来。他听人说"一旋好，俩旋孬，两个顶（旋儿），气得爹娘要跳井"。真有这么回事吗？要不为什么自己经常惹父母生气呢？可许多有两个"旋儿"的人也不像自己这么怪呀！这个念头令张凡终日忧虑不已，他甚至盼望有一种药或有一种机器能把他治成有一个平滑头顶的人或变成顺眼的一个"旋儿"，那么或许自己的头脑就不会这么乱了。

张凡就是这样一直在忧虑的旋涡中徘徊、挣扎着……

焦虑是每个人都有的情绪体验，要防止它成为病态，就要寻找各种能舒缓压力的方式。面对焦虑，面对真实的自己，是化解焦虑的最佳良药。让我们一起化焦虑为成长的契机，做个自在、心无挂碍的现代人。

期望值不要太高

刘彤刚刚大学毕业时，手持一大摞专业证书找工作，自我感觉非常好。在人才交流中心的招聘会上，刘彤碰了几次钉子之后才感到自己应该面对现实，重新调整自己的情绪。最后进了一家服装专卖店当起了营业员，并从营业员、领班一直做到店长。后来她又进了一家颇为著名的服装企业，从缝纫工做起，打样、检验……摸爬滚打数年，现在她已是这家企业里非常有经验的服装设计师。

无独有偶，一家汽车制造企业招聘员工，几位汽车制造专业的毕业生前去应聘，最后只有一人成功，当场签约。原因是其他人应聘的都是“员”，只有他应聘的是“工”，自愿去当生产线上的工人。他情愿“屈尊低就”的原因有二：一是初进这种现代化大公司，谁都得先去一线见习，与其被动下去锻炼，还不如主动去当工人；二是自信比其他工人更具理论基础和发展潜力，在现代化管理的人才选拔机制下，相信“是金子总有发光的时候”，只不过是早晚而已。

一位留美的计算机博士，毕业后在美国找工作屡屡碰壁。思来想去，他决定收起所有的学位证明，以一种“最低身份”去求职。在较短的时间内他就被一家公司录用为程序输入员。对他来说，这可谓是“大材小用”，但他依然干得一丝不苟。没过多长时间，老板发现他能看出程序中的错误，一般程序输入员根本不能与他相比。这时他才亮出了自己的学士证，老板便给他换了个与大学毕业生对口的工作。过了一段时间，老板又发现他在工作中不断地提出许多独到的见解，远比一般的大学毕业生高明，这时他又亮出了硕士学位证，老板见后又提拔了他。再过一段时间，老板觉得他还是与别人不一样，就对他“质询”一番，这时他才拿出了博士学位证。此时，老板对他的能力已经有了全面的了解和认识，自然而然地就重用了他。

赫蒙是著名的矿冶工程师，毕业于美国的耶鲁大学，又在德国的佛莱堡大学拿到了硕士学位。但当赫蒙带齐了所有的文凭去找美国西部的大矿主赫斯特时，却遇到了麻烦。那位大矿主是个脾气古怪又特别固执的人，他自己没有文凭，因此也不相信有文凭的人，还特别不喜欢那些文质彬彬又专爱讲理论的工程师。当赫蒙递上文凭时，原以为老板会因此而乐不可支，但赫斯特很不礼貌地对他说：“之所以不想用你，主要是因为你曾经是德国佛莱堡大学的硕士，你的脑子里装满了一大堆没有用的理论，这里可不需要什么文绉绉的工程师。”聪明的赫蒙听了不但没有生气，反而心平气和地回答说：“如果你答应不告诉我父亲的话，我或许还会告诉你一个秘密。”赫斯特表示同意，于是赫蒙对赫斯特小声说：“其实我在德国的佛莱堡并没有学到什么，那三年就好像是稀里糊涂地混过来一样。”想不到赫斯特听了笑嘻嘻地说：“好，那明天你就来上班吧。”就这样，赫蒙在必要时运用了巧妙的策略，轻易地在一个特别顽固的老板面前通过了面试。

或许有人会认为赫蒙这样做有些不合适，但赫蒙的做法既没有伤害别人，又把问题给解决了。有什么不可以呢？赫蒙贬低的是自己，他的学识到底怎样，当然不在于他自己的评价。即使把自己的学识抬得再高，也不会使自己真正的学识增加一分一毫；反过来，纵然自己把自己贬得再低，也不会使自己的学识减少一分一毫。

通过这些故事可以看出：人不怕被他人看低，怕的恰恰是他人把自己看高了。看低了自己，可以寻找机会全面地展示自己的才华，让别人一次又一次对你刮目相看，你的形象就会慢慢高大起来；可被人看高了，刚开始让人觉得你多么了不起，对你寄予种种厚望，正所谓“希望越多，失望越大”，经过一段时间后，一旦让他人感到失望，他人就会越来越看不起你。

不要永不知足地做计划

那时他还年轻，凡事都有可能，世界就在他的面前。

一个清晨，上帝来到他身边："你有什么心愿吗？说出来，我都可以为你实现，你是我的宠儿。但是记住，你只能说一个。"

"可是，"他不甘心地说，"我有许多的心愿啊。"

上帝缓缓地摇头："这世间的美好实在太多，但生命有限，没有人可以拥有全部，有选择，就有放弃。来吧，慎重地选择，永不后悔。"

他惊讶地问："我会后悔吗？"

上帝说："谁知道呢。选择爱情就要忍受情感的煎熬，选择智慧就意味着痛苦和寂寞，选择财富就有钱财带来的麻烦。这世上有太多的人在走了一条路之后，懊悔自己其实该走另一条路。仔细想一想，你这一生真正要什么？"

他想了又想，所有的渴望都纷至沓来，在他周围飞舞。哪一件是他不能舍弃的呢？最后，他对上帝说："让我想想，让我再想想。"

上帝说："但是要快一点啊，我的孩子。"

从此，他的生活就是不断地比较和权衡。他用生命中一半的时间来列表，用另一半的时间来撕毁这张表，因为他总发现他有所遗漏。

一天又一天，一年又一年。他不再年轻了，他老了，他更老了。上帝又来到他面前："我的孩子，你还没有决定你的心愿吗？可是你的生

命只剩下5分钟了。”

“什么？”他惊讶地叫道，“这么多年来，我没有享受过爱情的快乐，没有积累过财富，没有得到过智慧，我想要的一切都没有得到。上帝啊，你怎么能在这个时候带走我的生命呢？”

5分钟后，无论他怎么痛哭求情，上帝还是满脸无奈地带走了他。可后来许多人都说，他其实还在这世间活着。

永远在不知足地做计划而不付诸实践，绝对是一种心理病态，它从根本上失去了生命的一个重要意义。有选择，就有放弃。如果什么都想要，最终很可能会一无所有。

渡过职场焦虑期的方法

职场焦虑分别来自于工作、人际、家庭以及自身职业发展四个方面。当你在职业生涯中遭遇种种不顺和挫折，挫折导致对自己的否定和对将来的迷惑，心理上也会出现焦虑情绪，这种时期人们称其为“职场焦虑期”。

三年前，李胜以优秀的成绩从本科院校毕业，学的是计算机专业。毕业后他顺利地找到工作，来到一家外资制造企业从事软件开发和系统维护工作。经过两年多的工作，李胜学习了一些新的软件技术，积累了实际项目开发和实施的经验。随着对技术的掌握，李胜感到自己在技术上没有提升空间，同时受到身边同事的辞职影响，李胜也提出了辞职，只身一人来到了上海。离开了原先的城市和第一家企业，李胜想自己不能再进制造企业了，于是就把简历往开发或顾问公司投递。经过几次面试，他进入了一家知名的顾问公司，从事开发工作。到了新的城市和公司环境，李胜感到不能适应。在工作几个月后，他离开了这家公司。李胜不知道自己到底做错了什么，其实顾问公司很知名，待遇也不错，但自己为什么就不顺呢。短短的几个月，李胜的生活乱了，他不知道自己该怎么办，也不知道自己当初的选择对不对，对于自己的下一步该怎么走，完全没有主见。李胜思考不出头绪，对自己的抉择能力也产生了怀疑，以致迟迟不敢确定以后的工作。

李胜经历了职业生涯中的第一次跳槽，面临城市变化和企业文化不同，导致不适应的问题。同时他在尝试职业转型，但面临转型时的困惑。对新环境的不适应和对转型的探索，导致他的迷茫，进而引起“职场焦虑期”。使得李胜对自己决策能力怀疑导致自信心下降，尝试的失败，使得他不敢贸然做出职业选择。

“职场焦虑期”是很多人都会经历的，它是一种比较普遍的职业问题。在面临这类问题时，不要把焦虑的情绪扩大，把“焦虑期”无限放大，告诉自己这只是暂时的，让自己以一种平稳、向上的态度来应对。同时要能发现自己身边的资源，必要时，寻求身边的朋友、同学和专业机构的帮助。可以试着从以下几方面着手：

1.关注自身的资源

无论是刚工作的学生或有多年工作经历的人，在面临“焦虑期”时，不要被暂时的外在环境所困扰，可以允许自己有一段时间做内省，进行自我分析。分析包括自己具备的资源优势，兴趣和喜好，性格特点等方面。

2.客观分析环境

通过网络或和身边的朋友咨询，分析就业环境和企业方对职位以及用人的要求，如技能上的要求，或性格方面的要求。结合自身资源优势，给自己确定一个切实可行的目标，并制订具体的行动计划。

3.评估差距，弥补不足

结合自己的目标，评估自己的差距。如果自己在技能或知识方面有所欠缺，可以采取一些短期的培训，如语言、计算机等方面的培训，让自己能够在短期具备一些基础的技能，弥补不足。

4.树立自信心，积极应对挑战

通过对自身的分析、环境的分析以及弥补不足后，要以积极的心态来应对挑战。在获取机会面前，最关键的在于真诚、积极的心态，也在于自信。一个没有自信的人往往看不见自己身上的优点，看到的总是自己的不足和机会把握的不利。学会关注自己身上的优点，并能够把握机会，真诚地面对考官，相信就能应对挑战打动对方。

走出知识焦虑的旋涡

知识焦虑，也叫信息焦虑。是一种常见的职业病，常常发生在20~40岁的信息接收量大的高学历人士身上，症状表现为突发性的恶心、呕吐、焦躁、精神疲惫等，女性还会发生一些妇科疾病。

心理学家认为，这是一种身心障碍，专家研究发现，在信息爆炸时代，人们对信息的吸收是呈平方增长的，但人类的思维模式还没有很好地调整到可以接受如此大量信息的阶段，由此造成一系列的自我强迫和紧张，非常接近精神病学中的焦虑症状，“知识焦虑症”表现为过量地吸收信息，并非是一个主动意识，在大多数情况下，是一个被动的行为。

心理学家从日常咨询来看，每天连续看电视、听广播的人和每天都泡在图书馆或上网查阅资料的人都很容易引发焦虑。从职业来讲，记者、广告员、信息员、网站管理员等都是该症的高发人群。

34岁的李霞是某大型跨国企业计算机部的软件工程师，年薪达到了6位数。他每周的工作生活都安排得特别紧张，每到周二、周四及周六的晚上，他要去一所职业中专讲课，另外，他还要参加软件硕士在职研究生的考试，每天工作，上课，应酬……晚上回家还要再花几个小时看书，他觉得自己生活得疲惫不堪。有时候白天的程序还在他脑子里转来转去，又要想着上课的内容，还要考虑考试的事情，这种感觉让他的神经绷得紧紧的。李霞现在最希望做的事情就是马上回家倒在床上，什么也不想，什么也不做。不过不行，李霞一直告诉自己：在软件业，每天都会有新鲜的东西出现，如果你在这里松懈，别人就会跑到你前面。他害怕自己被这个行业拒之门外，再也无法跨入，因此给了自己很大压力。

李霞所从事的软件业处于高速更新的状态，这令他即使在正常时期，也时时有要被淘汰的紧张感。这种时刻存在的紧张感和压迫感在无形中加强了他的心理压力，因此引发了焦虑症。这种焦虑症常与激烈竞争、超负荷工作、长期脑力劳动、人际关系紧张等密切相关。人类的心理状况并没有随着医学与心理学的发展而产生令人欣慰的转变。相反的，现代科技与文明把人的心灵变得更为拥挤和孤独，所谓知识焦虑症也是这个时代的产物，是一种焦虑症的异化形式。由于身外环境的瞬息万变，使得许多人对未来无法确定，甚至充满恐惧。这就必然会造成心理紧张、急躁，严重的甚至引起一系列的生理反应，如果不懂得适时地放松和调节，将会给自己的精神及生理造成伤害。

心理学家提醒人们，“知识焦虑症”本身并不可怕，也不用担心它会转发为精神疾病，只要你能意识到它发病的原因并正确对待治疗，还是可以有效缓解焦虑症状的。心理学家提供了一些治疗方案：

（1）每天要保证睡眠9小时;

（2）每天接受信息的媒体不超过两种;

（3）每天的工作要事先列出计划，尽量减少意外情况的发生;

（4）每天睡觉前坚持锻炼15分钟;

（5）生活要有规律，减少娱乐，严禁饮酒。

信息爆炸的时代，大家应该对信息的吸收有所选择，否则大量充斥的信息会让人晕头转向，甚至忽视了最重要、最关键的有用信息。

摆脱社交焦虑的困局

社交焦虑，是一种对任何社交或公开场合感到强烈恐惧或忧虑的精神疾病。患者对于在陌生人面前或可能被别人仔细观察的社交或表演场合，有着一种显著且持久的恐惧，害怕自己的行为或紧张的表现会引起羞辱或难堪。有些患者对参加聚会、打电话、到商店购物、或询问权威人士都感到困难。

在美国的心理障碍疾病的诊断中，社交焦虑症已排名第三，前两名是忧郁症和酗酒。随着网络的广泛普及，时下“宅文化”流行，把“宅”当成是时髦的青年男女们，很有必要问问自己有无社交焦虑症的症状。

陈程有份稳定清闲的工作，每天早晨，他默默来到公司格子间，打开计算机，一边工作一边跟网友们聊天，网上的他活泼风趣，吸引了不少女网友。他的神秘之处是从来不参加同城聚会，只是偶尔传出几张照片给那些追问他的女孩。

“我害怕，我不想跟陌生人一起吃饭唱歌，想起来就觉得恶心，多没意思啊，在网上说说笑笑就够了。”陈程被网友催烦了，就玩消失，避开那些催他现身的人。

“我想这是我性格比较内向，怎么说呢，我是个很清高的人，念书的时候就是这样了。”陈程是同学会上的隐身人，因为在一次大学同学组织的聚会上，他不愿意玩“真心话大冒险”的游戏，被同学推搡着，起哄，他冲出门去，打车赶回了家。“那些人的声音让我心慌，特讨厌他们那么放肆。”陈程把自己的感受告诉给网友，也作为对自己为什么不参加聚会的解释。

陈程就是有了社交焦虑的症状。你有社交焦虑的症状吗？很多在大庭广众中神采飞扬的大明星，其实私下很害羞，也害怕跟陌生人来往，他们只是选择承受了这种心理压力，尽量让自己的才华释放出来，表现给更多的人看。

脸红，心跳，举止不当，其实每个人来到陌生环境，跟陌生人接触，都会有不同程度的紧张，这些反应是身体自然出现的。不要害怕，更不要为了“害怕”而把自己关起来。

多一点幽默的精神，学会自嘲，那些让你不适的感觉，你完全可以轻松地对待。比如作为一个推销员，最需要积极乐观的精神，每天都要找到新的顾客，新的机会，不能怕被拒绝，因为在被拒绝了一千次之后，可能在第一千零一次，可能就会得到成功。

小测试：你有焦虑症的特征吗？

如何测试焦虑症是人们比较关心的问题，因为现代社会的快节奏、高压力使得人群中焦虑情绪泛滥，人们应该如何区分正常的焦虑情绪和焦虑症就显得格外重要。下面是专家为人们测试焦虑症出的问题（回答以下问题，选择“是”得1分，“否”不得分），以方便人们测试：

1. 如果你独自在黑暗中，是否感到有一些害怕？
2. 你是否经常觉得自己责任太重，而想减轻一点？
3. 你是否在意别人如何对待你？
4. 你是否常被突如其来的电话铃声吓一跳？
5. 你操心生活中的琐事吗？
6. 你会担心自己的健康状况吗？
7. 你关心钱的问题吗？
8. 旅行时，如果你与其他人走散了，你会害怕吗？
9. 你是否常需要服用安眠药方可入睡？
10. 到了该入睡的时间，你是否仍然会躺在床上反复考虑一些事情？
11. 为使自己平静下来，你是否常常服用一些镇静安神药物？
12. 你是否十分自我主义？

13. 在你十分生气或紧张时，声音会不会出现颤抖的情况呢？

14. 你是否很会害羞、脸红？

15. 你能不能很快地让自己放松下来？

16. 你是否比其他人更容易感到烦恼？

17. 你是否总是对某件事放心不下？

18. 你是否很容易感到坐立不安？

19. 你是否经常会觉得恐慌？

20. 你是否将身边重要文件及财物都收拾妥当，一旦有危险便可以从容离去？

21. 你是否常被一些毛病，如消化不良、发疹之类所困扰？并且因此感到很烦恼？

22. 你是否不太能忍受噪声？

23. 你是否会因为小事而常常被激怒？

24. 有了差错或遇到挫折时，你会感到十分不安和忧虑吗？

25. 如果别人取笑你，你心中会惶惶不安吗？

26. 外出或睡前，你是否要好几次查看门窗有没有真的锁好了？

27. 在外出赴宴、开会等社交活动前，你是否会感到有些紧张？

28. 如果朋友们要到你家来聚会，你是否会为此准备上好几个小时？

29. 在社交场合中，你是否常会觉得面红耳赤？

30. 你很害怕认识新朋友吗？

总得分10分以上：

看得出你为生活操心。分数越高，你越容易焦虑，就越容易承受各方面的精神压力。因此，你常为一些不值得担心的事而放心不下，甚至于被激怒、无故发脾气、烦躁不安。心理学中减轻焦虑的方法有很多种，想象你在碧波荡漾的海边或湖边，沐浴温暖和煦的阳光，听得见波涛轻拍岸石的声音，闻得出空气中清新宜人的气息……让自己的身与心得到全面放松，抛弃过分的焦虑。应该提到的是，适度的焦虑是无害的，有时甚至可以使人在应激状态下提高警觉度，使我们在为人处事方面有更好的应对。

总得分4～9分：

这表明你可以控制自己的情绪，但依然有少许焦虑。通过上述的放松技巧可以降低焦虑，减少不必要的担心。若结合你认知态度的改变，可能效果会更好。将“信心”与“平常心”握在你手心，找到你自己！

总得分3分以下：

你的心境平和如镜。在面对诸多问题时，你阵脚不乱，应付自如，能带着微笑与必胜的信念面对生活。

通过上述测试，相信大多数人都能得到一个比较准确的关于焦虑情绪的评估。如果没有问题当然好，如果有问题也不必过于担心，及时加以治疗会很好地改善焦虑症。当你自感焦虑情绪比较严重时，不妨自己先用这套测试题来测试患有焦虑症的可能性，既能避免不必要的担心，又能尽早发现问题。

第七章

别紧张：让紧绷着的弦松弛下来

放轻松些，你会活得更久

父子俩一起耕作一片土地。一年一次，他们会把粮食、蔬菜装满那老旧的牛车，运到附近的镇上去卖。但父子二人相似的地方并不多。父亲认为凡事不必着急，儿子则性子急躁、野心勃勃。

一天清晨，他们套上了牛车，载满了一车子的粮食、蔬菜，开始了行程。儿子心想他们若走快些，当天傍晚便可到达市场。于是他用棍子不停催赶牛车，要牲口走快些。

“放轻松点，儿子，”父亲说，“这样你会快乐。”

“可是我们若比别人先到市场，我们便有机会卖好价钱。”儿子反驳。

父亲不回答，只把帽子拉下来遮住双眼，在牛车上睡着了。儿子很不高兴，愈发催促牛车走快些，固执地不愿放慢速度，他们在快到中午的时候，来到一间小屋前面，父亲醒来，微笑着说：“这是你叔叔的家，我们进去打声招呼。”

“可是我们已经慢了半个时辰了。”儿子着急地说。

“那么再慢一会儿也没关系。我弟弟跟我住得这么近，却很少有机会见面。”父亲慢慢地回答。

儿子生气地等待着，直到两位老人慢慢地聊足了半个小时，才再次起程，这次轮到老人驾牛车。走到一个路口，父亲把牛车赶到右边的路上。

“左边的路近些。”儿子说。

“我晓得，”老人回答，“但这边路的景色好多了。”

“你不在乎时间？”年轻人不耐烦地说。

“噢，我当然在乎，所以我喜欢看漂亮的风景，把时间都享受起来。”

蜿蜒的道路穿过美丽的牧草地、野花，经过一条清澈的河流——这一切年轻人都视而不见，他心里翻腾不已，十分焦急，甚至没有注意到当天的日落有多美。

他们最终也没有在傍晚赶到。黄昏时分，他们来到一个宽广、美丽的大花园。老人呼吸芳香的空气，聆听小河的流水声，把牛车停了下来。“我们在此过夜好了。”

“这是我最后一次跟你作伴，”儿子生气地说，“你对看日落、闻花香比赚钱更有兴趣！”

“对了，这是你这么长时间以来所说的最好听的话。”父亲微笑着说。

几分钟后，父亲开始打呼噜——儿子则瞪着天上的星星，长夜漫漫，长时间都睡不着。天不亮，儿子便摇醒父亲。他们马上动身，大约走了一里路，遇到一个农民正在试图把牛车从沟里拉上来。

“我们去帮他一把。”父亲低声说。

“你想浪费更多时间？”儿子有点生气了。

“放轻松些，孩子，有一天你也可能掉进沟里。我们要帮助有所需要的人——不要忘了。”

儿子生气地扭头看着一边。

等到帮人做完事后，已是大天亮了。突然，天上闪出一道强光，接

下来似乎是打雷的声音。群山后面的天空变得一片黑暗。

“看来城里在下大雨。”老人说。

“我们若是赶快些，现在大概已把货卖完了。”儿子大发牢骚。

“放轻松些……这样你会快乐，你会更享受人生。”仁慈的父亲劝告道。

到了下午，他们才走到俯视城镇的山上。站在那里，看了好长一段时间。两人都不发一言。

终于，儿子把手搭在父亲肩膀上说：“爸，我明白您的意思了。”

人生不是比赛，没必要一定像争第一名那样拼命地奔跑，放轻松些……这样你会活得更久，更享受人生。

过度紧张有损身心健康

紧张是人人都会有的，是在一定情景下出现的情绪状态。适度的紧张能提高人的反应速度和活动效率，但过度的紧张则是一种不正常的情绪状态，对人的心理和活动本身都会产生不良影响。

长期过度紧张会演变为紧张症。紧张症表现为精神和体力的失常，包括：疲乏，食欲不振或食欲过旺，头疼，好哭，失眠或睡眠过度，常常通过强制性行为来解除紧张。伴随紧张情绪的可能是吼叫、莫名其妙的烦恼或者无所事事的感觉。

现在人们生活太紧张，自己把自己逼得太紧。逼迫自己赚钱，想把自己弄得更阔气、更高人一等，结果常常得不偿失，所得到的物质财富并不能补偿他们失去的健康。

刘宇已经在这家大公司工作两周了，但是他从未好好睡过一天觉。每天晚上他都睡不着，睁着眼东想西想，偶尔睡着也会做梦，吓出一身冷汗。刘宇白天昏昏沉沉根本无心工作，上司已经注意他好几天了。他工作时总是时不时出点小状况。他就这样一天一天地熬着，熬得眼眶发黑、脸色发黄、精神萎靡，和刚进公司时的他判若两人。

刘宇担心自己这样下去吃不消，身体搞垮不说，还影响自己在上司眼中的形象。他想辞职，又觉得进入这家大公司不容易，就这样放弃了

又不甘心。为此，他更是睡不着觉，天天失眠。

刘宇来自某省山区，家中比较困难，全家人省吃俭用供他上学读书，而他读书也特别刻苦。虽然他就读的山区中学缺乏参考资料，师资力量薄弱，实验设备差，但刘宇勤奋刻苦学习，终于不辜负全家人的期望，考上了北京的一所名牌大学。当他接到大学的录取通知书时，整个村子都沸腾了。乡亲们激动地奔走相告，纷纷给他家送礼祝贺。

他母亲盛情难却，忍痛杀了家里唯一的一头肥猪招待大家。乡里连放了三天露天电影，有线广播也连续几天播出他刻苦学习、顽强拼搏的感人故事。村里还从有限的经费中拿钱给他购买了日常用品，并派人送他登上去北京的火车。他就带着全家和全村人的厚望来到了北京，开始了大学的新生活。

四年过去了，刘宇经过刻苦的学习，成功地留在了北京这个繁华的城市，成为他们家乡第一个走出大山的人。也许，上班和上学有着本质的区别，压力太大，也许是刚到一个新的陌生的环境，也许是对自己的要求过高过严，在短短的两周时间里，因精神过于紧张，刘宇严重失眠了。

持续的紧张状态会破坏一个人机体内部的平衡，甚至引发疾病。如何有效地避免紧张情绪对人的身心造成的危害呢？心理专家认为，最有效、最便捷的方法是学会放松。

下面是几种放松的方法：

第一，在紧张的学习和工作之余，多参加自己喜爱的文娱体育及其他社会活动，使自己的注意力得以转移，情绪得以放松，心境得以开阔。例如，欣赏一曲优美抒情的轻音乐或喜爱的戏剧唱段，也可以去看戏或跳舞，还可以练气功、打太极拳或去运动场跑跑步、打打球。如果你天生好静，不妨读一些轻松愉快、趣味性强的书刊，或去街头的林荫道、公园的花草丛中漫步。

第二，当你在工作中遇到难题或必须完成紧急任务时，不要烦恼和焦急，也不要急于求成，首先应该沉着，并做些放松性的自我暗示，“焦急是无济于事的”、“欲速则不达”，这样你就会放松下来去排除难题或完成任务。而一旦成功，将会形成良性刺激，使你得到进一步放松。

第三，生活不如意时，别忘了你身边的朋友，找他们倾诉是一个很好的选择。当你在生活中遇到不顺心的事情或出现争执，使你满腹愁云或怒火中烧时，可以与通情达理的爱人或志同道合的知己坦诚交谈，既可倾吐苦衷或宣泄怒气，又能得到理解与支持、安慰与开导。

别让神经“累趴下”

黄老师今年34岁，在县一中任班主任。近年来，他老是睡不着觉，一失眠就近一整夜，而白天上班的时候总是思考困难、心身疲惫，且情绪易激动，还伴有头痛。这些症状时轻时重，却持续不断。

黄老师自幼善良，严于律己，大学时由于经济上的不足，是用助学金完成学业的，在精神上一直就有压力。毕业后任中学教师，虽有志献身教育，但在生活上却不尽如人意。他连遭两次婚姻的失败，皆是女方对他不满意，对他感情上的伤害很大，使他心灰意冷，在感情上犹如惊弓之鸟。

他不想再提起婚姻，只想在事业上干出成绩来，却又自感工作效率低，力不从心，于是，老是心烦焦虑不安，看谁都不顺眼，遇事均不顺心；总是感觉思绪如云，但剪不断、理还乱；有时抱负很大，却心有余而力不足；自恃有才，不肯甘拜下风。于是，久而久之就形成了彻夜难眠，无精打采，干不好工作，吃了好多药都无济于事。

黄老师由于工作、生活中的不顺心导致的精神状态不佳，其实正是神经衰弱的表现。神经衰弱是一种轻度的精神病，是神经症的一种。

这种症状产生的根本原因，是由于大脑长期过度紧张而造成大脑的兴奋与抑制机能失调所致。发病原因有多种，如竞争的压力、过度的劳累、事业受挫、恋爱失败、婚姻家庭生活不幸以及性格因素等，都有可能引起神经衰弱。恐惧、悲伤、抑郁等负性情绪，是本症常见的诱发主要因素；这类患者往往忧虑过多，学业、职业、前途、名誉、地位、婚恋等问题总盘旋于他们的脑际，最容易背上“病”的包袱而导致神经逐渐衰弱。

神经衰弱是能够治愈的，但需要较长时间。合理安排生活，改变不良习惯，起居定时，生活有序，劳逸结合，加强体育锻炼和工作学习的计划性，并与医生积极配合，是治疗神经衰弱的主要环节。

做事要学会忙中偷闲

你是否觉得每天的生活变得很狂躁？是因为每天要努力工作，还是说有做不完的事情？然而，这一切都应该取决于你对待生活的态度。你是否在忙碌的工作间隙可以稍微休息几分钟的时候，或去上上网，看看电视，或者听听广播？你是否觉得整个人就像被上了发条，无法安静地停下来？

现代生活的节奏越来越紧张，它在带来高效率、高回报的同时，也给了人们不少的精神压力。如何才能使自己在忙碌的工作中放松身心，并以更好的生理、心理状态投入到下一项工作中，现代人更应学会忙里偷闲、有张有弛。

1. 偷闲是要有智慧的

在工作的时候要学会在间歇中抽出十几分钟或者几分钟的时间打个盹儿，这样才能使头脑清醒、精神振奋。

2. 偷闲的时候要善于角色转换

那些徜徉于公园亭台楼榭间的京剧、越剧票友们引吭高歌，旁人经常会认为这是他们在自讨苦吃，殊不知他们这一唱，把心里的烦恼都唱没了。这样做，不但可以消除大脑和四肢的疲劳，还可以使思维活跃，有时还会有茅塞顿开的感觉。

回到家中还是不能摆脱紧张工作的压力，在这个时候可以尝试着双脚蹦着上下楼梯，如童年时做小兔子游戏的情景。洗一个热水浴也是一个很不错的选择，你还可以在浴室里放开歌喉、尽情歌唱，并且把音调给拉长。因为，这样大声唱歌时要不停地深呼吸，这样做可以使你放松心情、愉悦身心。或者做做伸展运动，让全身的肌肉得以放松，这对消除紧张情绪是有益的。

3. 偷闲要有豁达的胸怀

休闲、娱乐，最忌有功利心的。去钓鱼，兴趣在“钓”而不在鱼身上，钓了一整天也没有收获的时候，也不要气馁，因为在“钓”的过程中充分享受了情趣。如果去看望亲朋好友却不遇其人，也不要沮丧，因为来回的沿途市井风情全部让你看到了，就全当是一次愉快的旅游。凡此种种，都可以以豁达的心态对待，那就是到了偷闲的至高境界了。

俗话说的好，一张一弛，文武之道。可别等到欠身体太多，负债累累的时候才去补救，到那个时候一切都追悔莫及了。给自己设定一个放松时间段，每星期一天，或者是每天都要留出一些休闲的时间。

用环境和运动调节紧张情绪

心理学家认为，紧张是一种有效的反应方式，是应付外界刺激和困难的一种准备。有了这种准备，便可产生应付瞬息万变的力量。因此，紧张并不全是坏事。然而，持续的紧张状态，则能严重扰乱机体内部的平衡，并导致疾病。所以，我们应该学会自我消除紧张状态。

当今世界是一个竞争激烈、快节奏、高效率的社会，这就不可避免地给人带来许多紧张和压力。精神紧张一般分为弱的、适度的和加强的三种。人们需要适度的精神紧张，因为这是人们解决问题的必要条件。但是，过度的精神紧张，却不利于问题的解决。从生理心理学的角度来看，人若长期、反复地处于超生理强度的紧张状态中，就容易急躁、激动、恼怒，严重者会导致大脑神经功能紊乱，有损于身体健康。因此，要克服紧张的心理，设法把自己从紧张的情绪中解脱出来。

有效消除紧张心理，从根本上来说一是要降低对自己的要求。一个人如果十分争强好胜，事事都力求完善，事事都要争先，自然就会经常感觉到时间紧迫，匆匆忙忙（心理学家称之为“A型性格”）。而如果能够认清自己能力和精力的限制，放低对自己的要求，凡事从长远和整体考虑，不过分在乎一时一地的得失，不过分在乎别人对自己的看法和评价，自然就会使心境松弛一些。二是要学会调整节奏，有劳有逸。在日常生活中要注意调整好节奏。工作学习时要思想集中，玩时要痛快。

要保证充足的睡眠时间，适当安排一些文娱、体育活动。做到有张有弛，劳逸结合。

当一个人已经出现了紧张的情绪反应时，该怎么调适呢？对于这种情况，人们习惯上常常会劝慰当事人："别紧张！""有什么大不了的！"而当事人自己也通常会这样告诫自己："别紧张！""有什么了不起的！"然而，十分不幸的是，这种办法几乎是行不通的，实际上这会使人感到更加不安。因为这是在和自己过不去，在给你制造更大的紧张。正如有句话所说的："情绪如潮，越堵越高。"

当紧张的情绪反应已经出现时，有效的调适方法应该是：

第一，坦然面对和接受自己的紧张。你应该想到自己的紧张是正常的，很多人在某种情境下可能比你更紧张。不要与这种不安的情绪对抗，而是要体验它、接受它。要训练自己像局外人一样观察你害怕的心理，注意不要陷入里边去，不要让这种情绪完全控制住你："如果我感到紧张，那我确实就是紧张，但是我不能因为紧张而无所作为。"此刻你甚至可以选择和你的紧张心理对话，问自己为什么这样紧张，自己所担心的可能最坏的结果可能是怎样的，这样你就做到了正视并接受这种紧张的情绪，坦然从容地应对，有条不紊地做自己该做的事情。

第二，做一些放松身心的活动。具体做法是：

1.选择一个空气清新，四周安静，光线柔和，不受打扰，可活动自如的地方，取一个自我感觉比较舒适的姿势，站、坐或躺下。

2.活动一下身体的一些大关节和肌肉，做的时候速度要均匀缓慢，动作不需要有一定的格式，只要感到关节放开，肌肉松弛就行了。

3.做深呼吸，慢慢吸气然后慢慢呼出，每当呼出的时候在心中默念"放松"。

4.将注意力集中到一些日常物品上。比如，看着一朵花、一点烛光或任何一件柔和美好的东西，细心观察它的细微之处。

5.闭上眼睛，着意去想象一些恬静美好的景物，如蓝色的海水、金黄色的沙滩、朵朵白云、高山流水等。

6.做一些与当前具体事项无关的自己比较喜爱的活动。如游泳、洗热水澡、逛街购物、听音乐、看电视等。

小测试：你会自己缓解紧张情绪吗？

对于平常人来说，紧张情绪在所难免，你是怎么缓解紧张情绪的呢？做做下面的题目吧，对你一定有所帮助。

本测试共10题，每题3个选项。请把你认为最适合或最接近你实际情况的一个答案选出来，在20分钟内完成。

1.你与同事有了不可调和的矛盾，不得不诉诸法律时，你会如何？

A 对此事感到十分焦虑不安，以至于无法入睡

B 这是生活中无法避免、随时可能出现的事情，算不上多重要

C 暂时放在一边，到法庭后再应对

2.参加亲朋好友的生日聚会、结婚庆典等这些必须破费的场合时你会如何？

A 想方设法找借口不去参加

B 经常积攒一些比较新鲜的小物品，用以应对这些场合

C 只把礼物送给最亲密的人

3.你屋子里的物品让水管中漏出的水泡坏了，你会怎么样？

A 极其不悦，尽情地说出自己的不满

B 自己动手修补损坏的物品

C 打算为此与房东在租金上讨价还价，并向有关部门提意见

4.你和同事出现纠纷而没有结论时，你会如何?

A 借酒消愁

B 请来懂法律的人士，打算求助法律

C 到外面转转，让自己的情绪尽快平静

5.长年遇到的多种烦恼使你的家人变得容易发火时，你会怎么样?

A 尽量回避争端，避免进一步恶化双方关系

B 想办法向朋友诉说自己的苦闷

C 和对方一起讨论，争取找到解决的办法

6.一位同事要成家了，在你的眼里，他们的结合将会是不幸福的，你会怎么样?

A 想办法使自己相信这种想法是不正确的

B 没关系，一切都还有机会扭转

C 很正式地向朋友说出你的想法

7.你的工作业绩得到了领导的认可，并派给你一个困难较大的工作任务，你会怎么样?

A 放弃这次工作的机会，因为它会使你增大压力

B 对自己的能力表示不确定

C 认真了解工作的性质和要求，做好准备，迎难而上

8.你的朋友在一次车祸中伤得很严重，当你知道这些时，你会怎么样?

A 调整好自己的情绪和状态，帮忙处理事情并安慰其他朋友

B 知道情况后，放声痛哭

C 要靠镇静药来让自己平安度过这段时间

9.一到星期天，你和爱人都要为去谁父母家过假期而发生争执，此时你会怎么样?

A 每逢节假日，和家庭各个成员来个大聚会

B 决定在重要的节日里和你的父母、家人团聚，其他日子和对方父母、家人团聚

C 不再搞任何聚会活动，以减少不必要的麻烦

10.当你觉得身体欠佳时，你会怎么样?

A 自己给自己当大夫

B 把情况告诉家人，然后去医院向医师求助

C 能忍就忍着，拒绝去医院，相信会好的

计分标准:

第1～3题：A、B、C各选项对应分数分别为3、1、2;

第4～7题：A、B、C各选项对应分数分别为3、2、1;

第8～10题：A、B、C各选项对应分数分别为2、1、3。

测试结果:

分数越低，说明你的自我缓解压力的能力越强;你的分值如超过17分，则说明你缓解压力的能力尚欠缺，需要加强。

心理评析:

长期处于压力状态必然会导致心理或生理疾病，每个人都应该学会缓解压力的办法，如向朋友倾诉、运动、多想美好的事，等等。

第八章

少生气：气大伤身，受害的是自己

别急着生气，克制比发泄更伟大

生气，无非是愚蠢的人在用别人的错误惩罚自己。

古时候有一位妇人，特别容易为一些琐碎的事情生气。她也知道这样不好，便去求一位高僧为自己排解。

高僧听了她的讲述，一言不发地把她领到一座禅房中，落锁而去。

妇人气得跳脚大骂。骂了许久，高僧也不理会。妇人又开始哀求，高僧仍置若罔闻。

妇人终于沉默了。高僧来到门外，问她："你还生气吗？"

妇人说："我只为我自己生气，我怎么会到这地方来受这份罪。"

"连自己都不原谅的人怎么能心如止水？"高僧拂袖而去。

过了一会儿，高僧又问她："还生气吗？"

"不生气了。"妇人说。

"为什么？"

"气也没有办法呀。"

"你的气并未消失，还压在心里，爆发后将会更加剧烈。"高僧又离开了。

高僧第三次来到门前时，妇人告诉他："我不生气了，因为不值得气。"

“还知道值不值得，可见心中还有衡量，还是有气根。”高僧笑道。

当高僧的身影迎着夕阳立在门外时，妇人问高僧：“大师，气是什么？”

高僧打开门锁，将手中的茶水倾洒于地。妇人视之良久，顿悟，叩谢而去。

怒火燃烧，是人的一种本能反应，懂得制怒的人才是聪明人。我们总会为生活的琐碎所困扰，为无关紧要的事情而生气，却不知生气是用别人的过错在惩罚自己的蠢行。

莫让赌气带来痛苦

女孩很漂亮，也很善解人意，偶尔会出些坏点子耍耍男孩。

男孩很聪明，也很懂事，最主要的一点是幽默感很强，总能在两个人相处中找到可以逗女孩发笑的方式，女孩很喜欢男孩的这种乐观。

他们一直相处得不错，女孩对男孩的感觉淡淡的，说男孩像自己的亲人。

男孩对女孩的爱很深，他非常非常在乎她。每次吵架的时候，男孩都会说是自己不好，是自己的错，即使有时候真的不是他的错，他也这么说，他不想让女孩生气。

就这样过了5年，男孩仍然非常爱女孩，像当初一样。

有一个周末，女孩出门办事，男孩本来打算去找女孩，但是一听说她有事，就打消了这个念头。他在家里待了一天，没有联系女孩，他觉得女孩一直在忙，自己不好去打扰他。

谁知女孩在忙的时候，还想着男孩，可是一天没有接到男孩的消息，她很生气。晚上回家后，发了条信息给男孩，话说得很重，甚至提到了分手。当时是晚上12点。

男孩心急如焚，打女孩的手机，连续打了3次，都给挂断了。打家里电话没人接，他猜想是女孩把电话线拔了。男孩抓起衣服就出门了，他要去女孩家。当时是深夜12点25分。

女孩在12点40分的时候又接到了男孩的电话，她又给挂断了。

那之后，男孩没有再给女孩打电话。

第二天，女孩接到男孩母亲的电话，电话那边声泪俱下。男孩昨晚出了车祸，警方说是车速过快导致刹车不及时，撞到了一辆坏在路边的大货车。救护车赶到的时候，男孩已经不行了。

女孩心碎了，可是再后悔也没有用，她只能从点滴的回忆中来怀念男孩带给她的欢乐和幸福。

女孩强忍着悲痛来到了事故现场，她想看看男孩待过的最后的地方。车已经撞得完全不成样子，方向盘上，仪表盘上还沾有男孩的血迹。

男孩的母亲把男孩身上的遗物给了女孩，钱包、手表，还有那部沾满了男孩鲜血的手机。女孩翻开钱包，里面有她的照片，血渍浸透了大半张。

当女孩拿起男孩的手表时，赫然发现，手表的指针停在12点35分附近。

女孩瞬间明白了，男孩在出事后还用最后一丝力气给她打电话，而她却因为赌气没有接。男孩再也没有力气去拨第二遍电话了，他带着对女孩的无限眷恋和内疚走了。女孩永远不知道，男孩想和她说的最后一句话是什么……

人们往往为了一件小事而生气，过后即使气已经消了，还要赌气以证明自己的“不好惹”。但这种表现，会让爱我们的人伤心、紧张，甚至会发生意想不到的恶劣后果。

生气是可以理解的，关键是要尽快释怀，用一颗真正宽容的心去再次面对他人。

愤怒是不值得的

库克是英国一家公司的职员，在业务上是公认的尖子，可是在处理人际关系时往往凭意气用事，得罪了不少人，所以，他在公司干了好几年却总是得不到升迁。

有一段时间，库克新搬来的一位女邻居进出时总是把门碰得很响，而且常常在房间里大声哼唱，吵得库克睡不好觉。直到有一天，他们碰到了一起，愤愤不平的库克怒目瞪着女邻居大声喊道："瞧你！能不能安静一点，让我好好休息！"

女邻居也瞪圆双眼回敬库克："和谁说话哪！你以为你是谁，是总统？"说完对库克不屑一顾地扭转身走了。

库克咬咬牙心想："我会让你尝尝我的厉害！"

第二天，库克回家时，女邻居也正好回了家。库克故意把门碰得很响，并在房间大声吼叫，也想让她尝尝吵闹的滋味。可是接下来的几天，邻居的吵闹更厉害，令库克连连叫苦。

"老这样下去能行吗？该怎么办呢？"不久库克有了一个好主意。

几天后的一个早晨，女邻居一开门就发现地上放着一个信封，她抽出信纸一看，只见上面是这样写的。

尊敬的女邻居：很抱歉我那天向您大喊大叫，这也不是我惯有的作风，只是那天我从信箱里拿到了带来坏消息的信件……我希望您能够原

谅我。——您的男邻居

第二天早晨，当库克走出房门时，一眼就发现了地上的信封，他迫不及待地抽出信纸。

尊敬的男邻居：

这些日子我也一直心烦意乱，因为我工作上遇到了麻烦。我很高兴看到您写的便条，我想我会成为您的好朋友的。——您的女邻居

从那以后，每当他们再相见时，都会愉快地微笑着打招呼。

接下来的故事更耐人寻味：女邻居后来当上了一家大公司的董事长，经过一段时间的交往考察以后，她聘请库克担任了公司一个部门的经理。

库克改掉了得罪人的脾气，带着与人为善的心态面对生活。

愤怒是魔鬼，它只能让你无休止地去争斗，甚至做出不理智的事情。应该像库克和他的女邻居一样，静下心来想想，你就会认为愤怒是不值得的。我们应该以平和的心态，用愤怒的时间，去做更多有意义的事，像故事主人公一样不断成功。

替别人想想，就不容易生气

有个人捉住一只大老鼠。他想起了老鼠干的坏事，气得牙根痒痒的，决心好好地惩治它。“你想痛痛快快地去见上帝？没那么便宜！”这个人咬牙切齿地说，“对于人人喊打的坏蛋，无论如何处置，都不过分。”

于是，他找来煤油，把煤油倒在老鼠的身上，然后点燃，等到火舌舔噬老鼠皮肉的时候，才把老鼠放开。老鼠吱吱乱叫着狂奔起来，一下子钻进屋旁的草垛里，引起了一场大火，大火把这个人的房子烧得精光。

“我真蠢啊！”这个人蹲在一片焦土前面痛哭流涕，“我本来是想惩治老鼠的，反而毁了我自己！”

其实，当一个人生气时，灾患的“老鼠”就悄悄地溜出来了。如果不小心控制，不仅伤害身心，还可能导致其他后果。

一位哲人说：“气便是别人吐出而你却接到口里的那种东西，你吞下便会反胃，你不看它时，它便会消散了。”既然如此，何苦要生气呢？

如何改变爱生气的坏毛病呢？

首先，要认识生气给自己和他人带来的危害。人，火气上来时只知道怪罪别人，根本不考虑自己的责任。

其次，认识到在日常生活中谁都可能遇到这样或那样与自身愿望相矛盾的事，设身处地地从对方的角度、用他人的眼光去看待眼前发生的问题，那你就不会发脾气了。

最后，要学会控制自己的脾气。可以采用下列办法：

1.回避。如果在工作或生活中遇到会使人生气的事，可以暂时避开，眼不见为净，耳不听则宁，气就生不起来了。

2.退让。遇到使人生气的事，如果不是原则大事，就采取让步退却的办法，退一步海阔天空，既使自己解脱，又宽容了别人，大事化小，小事化了。

3.控制。一旦遇到确实使人生气的事，静坐一会儿，用理智战胜情感，让心情自然平静。

4.转移。遇到会生气的事，自己一时难以排遣，可以向亲友倾诉，或者是参加一项体育活动，干一些体力活，也可以使情绪得以缓解。

生气就像一把刀子

发怒时候的样子每个人都见到过，眉毛皱起来，脸部肌肉绷紧，非常难看。生活中每个人都会因事情的不顺心而发怒，有的时候还会怒气冲天。虽然发怒是一个人正常情绪的流露，但是如果经常发怒，不仅会给自己带来身心上的疾病，而且会伤害到周围的人——又有谁会愿意整天听你怒吼呢？

怒气的产生，来源于一个人对外部世界的认识、解释和评价，当然跟一个人的性格也有一定的关系。面对同样的一件事情，有些人非常坦然，有些人却气得脸红脖子粗。

一般来说，愤怒情绪的发展有几个阶段。刚开始的时候，只是脸部表情上的不愉快、气恼或者低声嘀咕；如果情绪激动的话，愤怒就会加剧，继而浑身发颤、双手抖动，甚至还会失去自控、大怒乃至暴怒，最后还会变成丧失理智的狂怒。富兰克林说的好，愤怒是“起于愚昧，终于悔恨”。

如果能够了解到愤怒情绪是逐步发展的，就可以测定愤怒时的状况，以便及时地把怒气消灭在萌芽状态，相反，愤怒越是升级就越难以控制。

有一个名叫小虎的男孩，他小的时候脾气特别坏，动不动就发怒。

有人稍微碰到他，他就发怒。有谁惹他，他就会大声地骂人，甚至用力地打人，要不然就会放声大哭，仿佛要掀起屋顶。每一次只要他发怒了，大家就会躲得远远的。

有一次，他跟弟弟闹别扭，他的牛脾气上来了，气得脸红脖子粗，两手插腰，一边跺脚一边骂。这时候妈妈静静地走了过来，拿着一个镜子放在他的面前。他看到了自己，眉头紧锁，面容皱皱的，原来生气时是这样的丑啊。从此以后，每次他只要生气就会联想到自己生气的脸，想到自己如此难看，也就不再乱使性子了。

生气像一把刀子，如果没有适当地运用它，很可能会伤害到别人，所以我们要选对时机去运用它。生气像一场火灾，而心则是灭火器或水，当火灾发生时，我们应尽快压制火苗，而不是让它继续烧下去，毕竟当自己的房子烧起来时，没有人想让它烧下去，都是匆忙地拿水或灭火器去灭火。

生气更是一把锐利的刀，随时会切掉缘分。一个人情绪失控，是因为生气这个“病毒”正在扩大它的范围，要想除掉这个“病毒”，就不要一直想着别人的过错，也要想想自己的过错，也许这个“病毒”就不会感染到你了。

当长辈做错事时，我们不要用恶劣的态度对待他，因为他是我们的长辈。如果晚辈做错事时，我们一定要让他改正，告诉他错在哪里，长大他就会慢慢知道了。

有人生气时，会把生气的表情写在脸上，其实这样很不好，因为这样只会让大家觉得你是一个脾气坏的人，不好相处，也就会对你避而远之了。

小测试：你很容易生气吗？

你是否容易生气？这里设计了一个心理测试。这些都是日常生活中经常碰到的事情，请根据自己的实际情况进行回答。回答方式有三种："没有"、"偶尔"、"经常"。

1.你在排队等候时，是否容易不耐烦？

A.没有 B.偶尔 C.经常

2.上下班交通堵塞时，你很容易烦躁吗？

A.没有 B.偶尔 C.经常

3.你生气时很容易骂人，摔东西吗？

A.没有 B.偶尔 C.经常

4.看别人工作不认真时，你就会很恼怒吗？

A.没有 B.偶尔 C.经常

5.你开车、购物或者工作感到烦躁时，就会通过呵斥陌生人来发泄心中的不满？

A.没有 B.偶尔 C.经常

6.没有完成自己的事情，就会很生气？

A.没有 B.偶尔 C.经常

7.生气时，听不进任何人的劝说？

A.没有 B.偶尔 C.经常

8.你不会轻易原谅或忘记得罪过你的人吗？

A.没有 B.偶尔 C.经常

9.季节或气候的变化也会影响你的心情吗？

A.没有 B.偶尔 C.经常

10.你会不会因为情绪烦躁而出现胃部不适、胸闷、头晕等症状？

A.没有 B.偶尔 C.经常

计分方法：

回答方式中选“没有”的计0分，“偶尔”计1分，“经常”计2分。总分为10项累积之和。

结果解释：

（1）0~6分：这类人出于某种理由而很怕生气，不但怕自己生气，也怕别人生气。还比较内向，不愿将自己的内心世界暴露于任何人，甚至自以为属于那种“从来不生气的人”。但事实上，这可能是欺骗自己。因为，在某些事情上，人是免不了会生气的。这类人可能更多的是在压抑自身情绪。

（2）7~14分：属于普通正常的脾气。这类人能够领悟自己是否在生气，而且能适当地把情绪表达出来。一般来说，这类人不容易发脾气，但在主观上不严格控制自己的情绪，只是因为想做有道德、有理性的人，才有时稍微压制脾气，不让自己把感情强烈地表达出来。

（3）15~20分：在愤怒的表达上没有太大困难。换言之，这类人在该发脾气的时候就发脾气，并不加以控制。还对生活颇为敏感，有时甚至无法抑制自己的情绪，使别人感到害怕，被人觉得有敌意、性格粗暴。这类人应该学会如何正确应对令人生气的事、如何保持情绪稳定、如何避免恶言伤人。

第九章

会减压：才能让情绪不失控

“活得累”是因为你不懂得减压

人之所以会觉得累，实际上是因为心累，常常表现为徘徊在坚持和放弃之间举棋不定。生活中总会有一些值得我们记忆的东西，也有一些必须要放弃的东西。放弃与坚持，是每个人面对人生问题的一种态度。勇于放弃是一种大气，敢于坚持更是一种勇气，孰是孰非，谁能说得清道得明呢？如果我们能懂得取舍，能做到坚持该坚持的，放弃该放弃的，那生活就会有好的转机。

高磊原来在机关工作，一个月就挣一两千块钱，当时他最大的梦想就是挣大钱。后来他辞职干了保险，一直做到了部门经理，月收入达一两万元，可他却一点也不觉得幸福，相反还感到很大的压力：爱人嫌他不顾家总和他吵架，朋友和他收入相差太悬殊不来往，他感觉活得怎么这么累！

有的人把挣钱当成了生活的主要目标，而不是获得幸福的途径，于是自己就变成了挣钱机器，这样当然不会感到幸福了。如果能调整一下自己的生活目标，从工作中获得自我实现感，而不仅仅是为了金钱，压力就会变成动力了。

人之所以活得累，就是因为想得太多。身体累不可怕，可怕的就是心累。心累就会影响心情，会扭曲心灵，会危及身心健康。其实每个人都有被他人所牵累，被自己所负累的时候，只不过有些人会及时地调整，而有些人却深陷其中不得其乐。在这个充满竞争压力的社会里，生活有太多的难题和烦恼，要活得一点不累也不现实。

不同时代的人有着不同的精神状态，以前，我们的物质生活很贫穷，但精神状态却很好；如今，我们的物质生活提高了，可精神生活却匮乏了。不要逢事就喜欢钻牛角尖，让自己背负着沉重的思想包袱。就是因为把事情考虑得太周全，才造成了我们活的累。

别让自己心累。应该学着想开，看淡，学着不强求，学着深藏。适时放松自己，寻找宣泄，给疲惫的心灵减压。

人们在日常生活中，如何缓解和消除压力呢？

1.轻快、舒畅的音乐不仅能给人美的熏陶和享受，而且还能使人的精神得到有效放松，因此，人们在紧张的工作和学习之余，不妨多听听音乐，让优美的乐曲来化解精神的疲惫。

2.健康的开怀大笑是消除精神压力的最佳方法之一，同时也是一种愉快的发泄方式，为此，人们不妨遗忧忘虑，笑口常开。

3.出门旅游也不失为一种好方法，但应多选择远离城市喧嚣的原野和乡村，因为人与自然的关系远比人与城市的关系亲近得多。

4.有意识地放慢生活节奏，甚至可以把无所事事的时间也安排在日程表中，要明白悠然和闲散并不等于无聊，无聊才没有意义。

5.沉着、冷静地处理各种纷繁复杂的事情，即使做错了事，也不要耿耿于怀地责备自已，要想到人人都会有犯错误的时候，这有利于人的心理平衡，同时也有助于舒缓人的精神压力。

6.勇敢地面对现实，不要害怕承认自己的能力有限，在某些的确不能办到的事务中，诚实地说一声“不”比硬撑着要轻松得多。

7.推心置腹地交流或倾诉，不但可增强人们的友谊和信任，而且更能使人精神舒畅，愁烦尽消，故不妨多找朋友聊聊天。

既然昨天及以前的日子都过来了，那么今天及以后的日子也一定会安然度过。人们不妨豁达、开朗和乐观一些，这不仅可以有效地缓解和消除压力，同时也对健康大有裨益。

清理你心上的石头

时时勤拂拭，莫使惹尘埃。

一条小河隔断了东村与西村，由于这里没有桥，两村的人往来都得绕很远的道。

一天，有个热心的年轻人，用家里的木头在河上架起一座独木桥，方便了行人。这使东村与西村的人高兴了一阵子，也称赞了一阵子。

几天以后，赞扬声变成了一片埋怨声：

"哼，一根木头也算是桥？"

"平时走过它都得摇三摇，碰上雨天叫人怎么过？"

"要是孩子、老人……"

"推车的人没办法过……"

生活中，你是否如此？抱怨之前，我们应静下来想一想：我做了什么？我为何有这样的想法？

有位农夫，他家院子里的一株葡萄藤今年结了不少葡萄，农夫很高兴，便摘了一些送给了一个商人。商人一边吃一边说："好吃，好吃！多少钱一斤？"农夫说不要钱，但商人不愿意，坚持把钱付给了他。

农夫又把葡萄送给了一个当官的，他接过葡萄后沉吟了良久，问：

“你有什么事要我帮忙吗？”农夫再三表示没有什么事，只是想让他尝尝而已。

农夫又把葡萄送给了一位农妇，她有点意外，而她的丈夫则在一旁一脸的警惕。看样子，他极不欢迎农夫。

农夫又把葡萄给了一个过路的老人，老人吃了一颗后，摸了摸白胡子，说了声“不错”，就头也不回地走了。

农夫很高兴，他终于找到了一个能真正与他分享快乐心情的人。

每个人心中都会渐渐地长出各色杂草、石头，如猜疑、仇恨、贪心等，时时打扫、拂拭、清理，你会发觉：生活原来还有这般纯净、明澈之处啊。

学会放慢你的脚步

一位女孩因胃溃疡导致失血性休克而去世，年仅25岁。25岁，这本是一个花样的年华的女孩开始享受美好生活的年龄，却因胃溃疡去世，让人痛惜不已！

当下许多年轻人，甚至可以说许多“白领”都在过着这样的生活！无论是为了生活，为了理想，还是为了前途，他们舍弃了自己的可支配时间，让工作占据了生活中的大部分空间。

曾几何时，“白领”一词是一种美称，它代表荣誉，代表鲜花，代表掌声，更代表成功！然而例子中女孩的去世告诉我们，没有健康，一切瞬间都会成为泡影。

这是一个竞争激烈的年代，特别是在大城市之中，停下奔跑的脚步，面临的可能是淘汰和离去。在高压力的生活下，如果不学会放慢自己的脚步，及时给自己的心灵找个减压的方法，恐怕时间久了也会遗失自己，那么自我减压的方法有哪些呢？让我们拨开都市的云雾，为心灵减压。

1. 读书。古人曰：“腹有诗书气自华。”当你遇到烦恼、忧愁和不快的事时，应首先学会自我解脱，去读一读或翻一翻你喜欢的书籍和杂志，分散心思，改变心态，冷静情绪，减少精神上的痛苦。

2. 听歌。音乐疗法是治疗心理疾病的一种有效方法。当心情沮丧、闷闷不乐时，打开唱机，听听歌曲，你不仅可享受到一种美的艺术，而且可以陶冶情操，激发热情，兴奋大脑，使你从中获得生活的力量和勇气。

3. 幽默。笑是心理健康的润滑剂，它有利于驱走烦恼，消除心理疲劳。因此，在心情焦虑时，不妨来点幽默，找点笑料，一笑解千愁。

4.赏花。赏花是打开心灵的窗户，进行心理“按摩”的好方法。若心烦意乱时，走到阳台上看看花，浇浇水，调整一下情绪；同时还可散步花园之中，以花为伴，观其千姿争艳，赏其万缕馨香，舒心爽气，心旷神怡，乐在其中。

5. 谈心。俗话说：“一个好汉三个帮。”人在失意或受到挫折时，最需要朋友的关照和帮助。此时，你可走出家门，找自己的知心朋友谈谈心，一吐心中的不快，在善意的劝导、热心的安慰下，精神的痛苦将得以消除。

6.冥想。经常运用冥想，可以使人达到一种超越自我的精神境界，也是一种很好的放松方法。只需5分钟的时间，就可暂时忘记工作，忘记烦恼，让自己进入一种全新的意境之中。不妨找个清净的地方，采用舒服的姿势坐下来，专注于自己的一呼一吸。刚开始你也许无法把注意力集中于呼吸上，会胡思乱想，不过没关系，坚持一段时间就会见成效。

7. 散步。心理学家研究证明，短短几分钟的散步有明显消除紧张的效果。不妨每天抽出半个小时时间，找个公园或街心花园去散步。当你放慢了平时紧张的脚步时，你会突然发现周围的景色原来如此美丽，你的心也会随之安静下来。

8.运动。参与体育运动无疑是一个很好的减压办法。飞速奔跑、水中畅游、挥拍激战时，肌肉虽是紧张的，神经却是放松的，大汗淋漓过后，你会得到彻底的放松。

9. 浸浴。许多人喜欢在临睡之前泡个热水澡，放松一下紧张了一天的身体。这确实是个好方法。静静地躺在水中，让这种放松的感觉慢慢地流淌到手臂、肩膀直至全身。水温宜在37℃左右，时间在15分钟左右，你还可以尝试一下中草药浴等洗浴方式。

10. 旅游。周末或者假期，可以与家人和朋友到郊外或风景区去欣赏大自然的鬼斧神工。尤其是森林茂密的地区，负氧离子比城里多好几倍，是天然的氧吧，到大自然中呼吸新鲜的氧气，无疑对人的身体健康有莫大好处。

11. 写日记。写日记是一个很好的发泄渠道。当你有了什么心事，又不便对他人提起，或者有什么委屈和愤恨，都可以用笔记下来。现在似乎写日记的人越来越少了，其实在写的过程中，你会感到情绪渐渐稳定下来。

12. 放慢速度。把生活中的速度放慢，吃饭的时候细细品味，开车的时候不要为堵车烦心，放下手中的工作喝一杯茶或咖啡，让自己定定神。整个的节奏放慢下来，心情也就会舒缓一些。

13. 登高远眺。俗话说："站得高，望得远，想得开。"你可以爬上高楼，也可以攀登高峰。或看日出，感受太阳喷薄而出的光和热，让清晨第一缕曙光照亮前程；或遥望星空，让那份静谧和美好替你忘忧解愁；或面对大海，让所有的悲伤和抑郁都变得微不足道。

14. 上网聊天。登录互联网，进入聊天室，向陌生人把自己内心的各种不良情绪，如苦闷、压抑、不安、愤怒、忧愁等，自由自在、毫无约束地抒发出来，宣泄出来；同时还能同其他网友交换看法，既得到别人的安慰，又疏理了自己的思绪。

压力太大时适当“弯曲”

“弯曲”是雨后的彩虹、空中的弯月、风中的白帆，是赏心悦目的风景，更是一种智慧。有插秧时的弯腰，才会有秋天的收获；有起跳时的屈膝，才会有成功的飞跃；立交桥弯曲，能疏通拥塞，缓解交通压力；盘山道弯曲，能减少阻力，有助攀登；弯曲的弓，能射出不回头的箭；弯曲的小溪，能通向浩瀚的大海……

“弯曲”还是一种策略。狂风袭来，树被它吹弯，雨来了，花也被它压弯，可是在风雨之后，它们又会挺起腰杆继续自己的参天之梦。

弯曲的小河，有时也会奋不顾身，跌成瀑布；善拉弧圈球的乒乓球高手，有时也会大刀阔斧，直接扣杀。何时该曲，何时该直，运用之当，存乎一心。这个“心”，便是人生价值的定位和人生学识的修养。

在加拿大魁北克有一个南北走向的山谷，山谷没有什么特别之处，唯一能引人注意的，是它的西坡长满松、柏、女贞等树，东坡却只有雪松。对这一奇异的景观许多人都不明所以，也一直没有令人满意的答案，而揭开这个谜底的，是一对夫妇。

一年冬天，他们的婚姻正濒于破裂的边缘。为找回爱情，他们打算浪漫旅行。如果能找回就继续生活，否则就友好分手。当他们来到山谷时，下起了大雪。他们支起帐篷，望着大雪，发现由于特殊的风向，东坡的雪总比西坡的大且密。一会儿，雪松上就落了厚厚的一层雪，不过当雪积到一定程度，雪松富有弹性的枝丫就会向下弯曲，直到雪从枝上滑落。这样反复地积，反复地弯，雪松完好无损。但是其他的树，却因为没有这个本领，因此树枝被压断了。妻子对丈夫说："以前东坡上肯定也有过杂树，只是不会弯曲才被大雪摧毁了。"顷刻间，两人突然明白了什么，拥抱在一起……

刀再锋利，如果一碰就断，也没有什么用。面对压力，我们不能一味地往前冲，结果将自己逼到崩溃的边缘。我们应该懂得张弛有度、松紧适当的生活哲学，当面临繁忙的工作和巨大的生活压力时，要提醒自己适当地放慢节奏，学会享受生活。

传说，老子曾经问他的一个学生："牙齿和舌头谁硬？"学生说："牙齿硬。"老子张开嘴让学生看："牙齿硬，但是已经一个都不在了，舌头软，现在还完好无缺。"老子以此教育他的学生要懂得物极必反的道理，其实就是提醒我们要刚柔相济，特别是要在巨大的压力面前学会"弯曲"。

生活需要学会"弯曲"。"弯曲"，并不意味着低头承认失败，并不意味着放弃追逐希望，而是为了"弯曲"后的"重生"，为此积聚更多的能量。"弯曲"是为了更好地站立。生活需要有弹性的"弯曲"，这是一种生存方式，更是一种生活的真谛。生活，不曾要求人们一味地如"铁人"一般生活。因此，我们实在无须为了所谓的坚持、所谓的自尊而放弃"弯曲"的权利。适时"弯曲"，才是生活中的大智慧。

哭出你的情绪“垃圾”

现代社会人们普遍压力大，善于留意新鲜事物的人会发现，为了迎合人们释放情绪的需要，现在社会上出现了一种“发泄现象”的“哭吧”：哭个痛快，哭出轻松，哭了之后笑对人生；有“发泄公司、发泄室：发泄室四周的墙壁都用皮革包着，隔声效果好。门窗一关，不管你在里面长歌当哭也好，大吼大叫也好，粗暴咒骂也好，这个空间就只属于你一个人。哪怕外面的人就从门口经过也听不到任何声音。

在一家房地产公司工作的朱小姐说，“尤其是春节前，我会特别的焦虑、担心，上网‘骂’一通后就好多了。现今有发泄游戏、发泄产品：比如一种叫“发泄壶”的减压工具进入了市场，这种发泄壶造型如同半坡时代的陶罐，有一大一小两个开口（小的在罐子底部），它可以让你随意尖叫狂吼，而不用担心被家人和邻居听见。使用的方法很简单：用大嘴盖住嘴巴、然后想说什么就说什么，发泄壶会将你用尽全身力气的宣泄变成“蚊子叫”。

从心理学角度来说，适度宣泄长期积压的怒气，可以减轻或消除心理疲劳。把怒气发泄出来比让它积郁在心里要好，这样可以使你变得轻松愉快。

适度地发泄自己的情绪会像夏天的暴风雨一样，能净化周围的空气，能倾吐出胸中的抑郁和苦衷，能缓解紧张情绪。发泄的方法很多，可以通过各种对话说出意见，也可以找自己的知己谈谈心，如果有必要的话还可以找心理医生咨询或通过写文章、写信来表达情感。如不能奏效，干脆痛哭一场。

哭是宣泄情绪的一个好方法。孩子遇到了伤心事，常常一哭了事。成年人，特别是男子，多以“男儿有泪不轻弹”自居，强忍悲痛而不流出眼泪。其实这样也会危害健康，因为眼泪能帮助排泄一部分于健康有害的化学物质。

美国第16任总统林肯，如果在外边和别人生了气，回到家里就要写一封痛骂对方的信。但当他的家人在第二天要为他寄发这封信时，他全力阻止说：“写信时，我已经出了气，何必把它寄出去惹是生非！”

每个人都要了解自己的情绪，寻找一种适当的宣泄方式，其中的关键在于找准渠道。另外，体育锻炼能增加人对外界的适应力与抵抗力，还会在运动过程中使心理上得到调节，让自己在不知不觉中快乐起来。

化解心中的烦恼

当朋友遇到烦心事向我们倾诉的时候，我们总会挖空心思，想出各种各样的办法去安慰。我们会说没有什么大不了的，明天一切都会好起来。而我们自己在被烦恼羁绊的时候，却往往不知该如何是好，更多时候我们也会习惯性地在夜深人静的时候给知心好友打电话，那么，除了宣泄我们还能做些什么？我们为什么不能主宰自己，做个聪明的去除烦恼者呢？

1.彼此交流抵御烦恼

在烦恼面前，你可以是弱者，也可以是强者，但绝不能把自己关在幽怨的黑屋子里折磨自己，走出困境的第一步是主动排遣，晒晒太阳，吹吹风，和朋友聊聊天，让爱成为迷途中的一盏灯，你的心境会豁然开朗，从而获得自信。

2.运用智慧战胜烦恼

战胜烦恼的另一个法宝是智慧。很多时候，我们的烦恼源于对自己要求太多，如果欲望不能得到满足，自然会心生烦恼。法国有一位智者讲了一个故事：亚历山大帝有一匹烈马，所有的骑手都被它摔下来。有一位聪明人走过来在马鞍下找出一根别针，正是这根别针刺得马如此暴躁，他就这样驯服了这匹马。

3.积极乐观消除烦恼

法国作家阿兰在论述把快乐的智慧用于和烦恼做各种各样斗争时说：烦恼是我们患的一种精神上的近视症，应该向远处看保持积极乐观的心态，这样我们的脚步就会更加坚定，内心也就更加泰然。比如，如果这会儿下雨了，我们就说“下雨了”，不要说“该死的天，又下雨了”，因为这样说并不能改变下雨的事实。当然，就算我们说“太好了，又下雨了”也不能对雨发生任何改变，可是如果我们把这种话说给别人听情况就大不一样了，我们说：“您瞧，太好了，又下雨了！”就会把快乐传递给别人。

4.宽容平和远离烦恼

通常烦恼者只能看到自己的烦恼，于是怨天尤人抱怨命运。可是如果我们有意识地变换角度，用一种宽容的态度去想想对方，也许会得出不一样的结论。

5.顺其自然改变烦恼

余姚接连做了几个大的媒体宣传策划案后，身心都觉得有点疲惫，她真的很想外出旅游，彻底地放松一下，但按照公司规定，没到休公假的时间她是不可以随意离岗的，这让她变得烦躁不安。余姚有两个选择：一是继续挂念着遥不可及的休假，任不良情绪蔓延；二是安下心来，安排好自己的时间，忙里偷闲，得以休整。

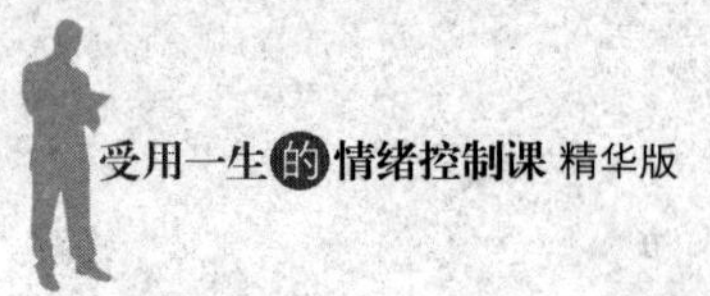

既然更多时候烦恼是庸人自扰。我们就应该积极梳理如麻的心境，从内心快乐起来，用聪明和智慧对抗烦恼，这种方法虽不是万能的，但却很有效。

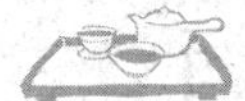

小测试：你会自己解压吗？

在职场中，你善于自我解压吗？不妨对照下面的小测试看看。

1.假如您因为粗心而弄砸了一笔重要的生意，在遭到上司暴风雨般的斥责后，您希望手边有一样什么东西呢？

A.小皮球 B.钢锉 C.一块甜美的巧克力 D.一盆清水

2.假如您刚刚结束了一个重要的项目，而上司对此项目的业绩还比较满意，甚至有那么一点赞赏时，您希望饮用什么呢？

A.冰咖啡 B.苦咖啡 C.烈性酒 D.矿泉水

3.假如您有写日记或周记的习惯，您能想象一下，在所有经历的生活中，您最多的会表达些什么呢？

A.压力与烦恼 B.自己虚构的梦幻世界 C.生活中的浅显话题 D.自己需要的忏悔

4.假如您手头同时有两个非常重要的项目，上司等待着您的工作团队在短时间内很好地完成它们，这时您会如何选择？

A.信任下属，分割项目任务 B.事必躬亲，同时操作两个项目 C.带领下属，先后完成两个项目 D.向上司请求减少一个项目

5.假如您已经面临着强大的职场压力，个人时间变得非常有限，那

么您对睡眠持什么态度？

A.保证睡眠时间，找机会小憩 B.为了争取工作时间，大量熬夜

C.以睡觉为优先，先睡足再说 D.精神紧张而无法入睡，索性减少睡眠

职场压力测试题评分：

A：0分 B：1分 C：2分 D：3分

职场压力测试题评分解读：

如果您的分数为0～2分：

可以断定您非常懂得自我解压之道，甚至可以说您是一位天才的职场人士。您在诸多的强压力环境中能够以不同的方式从更多的侧面来缓解紧张的心态和焦躁的心情，从而获得高质量的职场生活，这甚至令绝大多数同事羡慕。您所需要注意的是要经常保持现有的良好心态和习惯，这是您职场以及更广泛的生活中的巨大财富。

如果您的分数为3～7分：

您面对压力过分紧张了。您现在应该正经受着职场压力的严峻考验，面对种种困难您选择的是坚持与拼搏，您的敬业精神令人敬佩，但这可能并不是保持职场战斗力的最好方式。您应该尝试放松，舒缓心情，倾诉与信任将是为您开出的最好药方。

如果您的分数为8～12分：

在强大的压力面前，您可能已经产生了职场叛逆心理。“叛逆”并不是孩子的专利，面对巨大的生存压力，任何人都可能会萌生叛逆。来自职业以外的其他刺激反而可能会令您能够正视职场压力，比如说一次较高强度的体育运动，或是看一场惊心动魄的电影，您将体会到积极与

挑战的乐趣，您在职场中的后劲十足。

如果您的分数为13～15分：

您可能正体味着职场失败者的滋味，但是请您不要过分焦虑与忧郁，因为实在有太多办法有助于改善您的状况。您可以进行运动来宣泄、享受美食来引导、做好计划来获得效率、轻松睡眠来保证精力的方式重建您的职场自信。

第十章

办公室中的情绪掌控术

爱上你的工作，走出职业倦怠

刘刚大学毕业后分配到一家国企从事文秘工作，收入稳定，工作相对轻松。

可是几年后，他觉得对工作提不起兴趣，回到家也是懒洋洋的。妻子看他这个样子，决定利用一个假期陪他到海南游玩一趟，给他充充“氧气”。

在海南的几天时间里，刘刚表现得极为活跃，有时会撇下妻子到各企业游游逛逛，热衷于结交各式各样的朋友。

回到家后，刘刚的情绪倒是好了不少，可工作热情仅仅维持了两个星期就又冷却下来了。妻子和他促膝长谈，认为他的性格不适合干这个工作，可是这工作其他人想干都干不上。思来想去，刘刚最后决定找领导要求换个活动范围大一点的岗位。

领导用人所长，把他放到了业务部门，遂了他的心愿。现在刘刚每天夹着公文包走南闯北地和客户谈业务。虽然工作压力大，可他却是干劲十足，忙得“不亦乐乎”。

原来，刘刚天生就是个交际型人格，喜欢和陌生人打交道，是个“自来熟”，以前天天面对几张熟面孔和生硬的卷宗，哪有不倦怠之理？

刘刚对原来的工作缺乏热情的状态就是一种典型的职业倦怠心理。

职业倦怠症多发于白领阶层，可以说是一种“都市病”。

职业倦怠心理产生的原因有很多，有像刘刚这样因为对工作缺乏兴趣而产生的倦怠情绪，也有一些人是由于激烈的竞争和长期的工作压力导致的倦怠心理。

联合国的一份报告把现代人这种不是疾病的状况称为“亚健康状态”。长期处于这种状态，也会诱发一些慢性疾病。现在很多发达国家都不再提倡延长工作时间，主张少加班、不加班，就是为了减轻员工心理上和生理上的不适。

究竟应该如何走出职业倦怠，从工作中寻找快乐呢？其实，要在工作中寻找快乐并不需要换工作，你只需调整一下现在的作息或心态就可以了，有人曾经提出以下几个具体建议：

1.主动去解决问题。当在原来组织发生问题时，可以问自己可以做些什么、有什么选择，可以主动和上司沟通发生了什么问题，应该如何解决等。

2.调整观念。如果前一个建议无法实现，应该考虑调整自己的观念。有几个策略，例如“比下有余”的策略，还有一些人就是用“乐观到底”的策略。

3.找朋友聊天，宣泄自己的情绪。可以通过找朋友聊天或其他渠道，把情绪抒发出来，情绪管理就像大禹治水一样，最好能够疏导。

4.转移注意力，减轻压力。如果有一些兴趣、爱好能够让你暂时转移注意力，这是避开压力很好的辅助策略。

5.寻找工作的意义。必须好好地问自己，到底自己想要追求的是什么？这个工作对你还有没有意义？如果你连一点意义都找不到，也许就真的该考虑换工作了。

同时要加强体育锻炼和均衡饮食，保持身体健康。

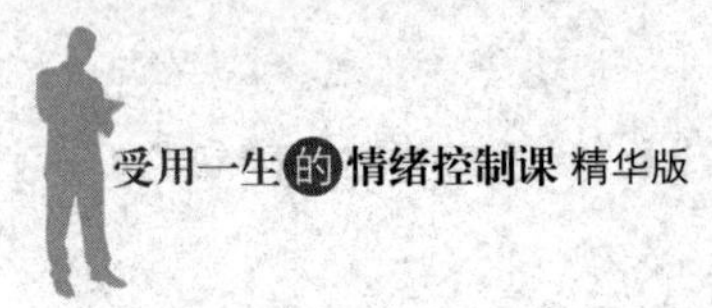

工作空隙，走出方寸之地

小英坐办公室多年了，除了觉得每天的运动量太少之外，没什么不适。可是自从小英怀孕之后，她越来越觉得每天在办公室的生活好像对身体有很大的影响。现在每天早上进办公室以后，小英的第一件事就是开窗开门，好通风换气。如果连着接上几个电话，小英会觉得有点头晕，甚至接电话的时间过长，还会有种想吐的感觉。小英怀疑是不是自己的身体有什么不对，就去了妇产科检查。医生听了小英的叙述之后，告诉小英她患了“办公室综合征”，并不是只有孕妇才会患上这种病，而且建议小英最好暂时不要工作。

长时间待在办公室的狭小空间内，容易给人带来较大压力。特别是在计算机、复印机、传真机等电子设备被广泛使用的今天，患办公室综合征的可能被无限扩大了。长时间面对计算机屏幕，容易产生视觉疲劳，导致视觉紧张。除此之外，计算机等办公设备还会对人的呼吸系统产生危害。

面对办公室综合征，专家提出了以下几点改善建议：

1.科学健身、适当运动

适当的运动是亚健康的克星。适合的锻炼一是有氧运动，如打球、跑步等；二是腹式呼吸，深呼吸后把气保留在腹部一会儿，再慢慢呼出；三是做健身操；四是自我按摩，适当刺激体表，保持良好的抗病状态。

当然，运动时也要注意，不要参加过于激烈的运动，运动量应该适度，每天运动30分钟，持续运动12周后，免疫细胞数目就会相应增加。

2.睡眠要有规律，时间要有保障

不要总是向你的生物钟挑战。熬夜已经成为现代人生活方式的一部分，而经常熬夜的后遗症，就是疲劳、精神不振，免疫力也会随之下降，感冒、胃肠感染等失调症状自然都会找上门来。

最好每天都留出一定的"喘气"和休息时间。最好的方法是躺下来放松肢体，或安枕大睡，往往一觉醒来倦意全消。另外，听音乐、练书法、绘画、散步等也有消除生理疲劳之功效。

3.合理饮食

合理饮食包括有节制地饮食，不暴饮暴食，多摄取不同的维生素和矿物质、无机盐，合理进补，适当选择药膳也对预防和改善亚健康很有帮助。

4.改善工作环境

动手改善环境，除了在生活中尽量防御，如上网要防辐射外，还可在室内种植一些有益的绿色植物，改善室内空气质量。

带着乐趣工作

当工作成为一种乐趣时，生活就成为一种享受。

烈日下，一位穿着朴素的老妇人流着汗，叫卖她的梨子。一位慈善家动了同情之心，走过去对她说："梨子好卖吗？""难啊。一上午才卖出去几斤。"慈善家掏出一叠钞票："我全要了。"老妇人盯着他看了一会儿："这话很有意思。全给了你，我下午卖什么呢？"

老妇人从她的工作中，抓住了别人容易忽略了的乐趣，无疑，她是幸福的。

旋车工萨姆尔·沃克莱的工作就是日复一日地旋螺丝钉。看着那一大堆等待他去旋的螺丝钉，他满腹牢骚，心想自己干什么不好，为什么偏偏来旋螺丝钉呢？他找老板调换工作，甚至想过辞职，但都行不通。最后他尝试着找一个积极的办法，使单调乏味的工作变得有趣起来。于是，他和工友商量开展比赛，看谁做得快，工友和他颇有同感。这个办法果然有效，他们工作起来再也不像以前那样乏味了，而且效率也大为提高。不久，他们就被提职了。后来，沃克莱成了著名的鲍耳文火车制造厂的厂长。

19世纪英国历史学家兼哲学家克雷尔曾说过这样一句话：“在工作本身找到乐趣的人有福了，因为他不必再求其他福祉了。”

假使我们能把工作趣味化、艺术化，就可以把工作轻松愉快地做好。菲力有句话说：“必须天天对工作产生新兴趣。”

罗素曾宣称：“我的人生正是：使事业成为喜悦，使喜悦成为事业。”

忙碌是最好的心理医生

控制情绪的最好办法，就是让自己忙起来，尽量去做有意义的事情。有数据表明，科研人员通常不会出现精神崩溃的状况，因为他们没有时间、没有精力来享受这种精神上的“奢侈”。

为什么“让自己忙起来”这么一件简单的事情，就能够把忧虑赶出去呢？有一条最基本的心理学定律表明：无论多聪明的人，都不可能一心二用。不信我们做个实验，假定你悠闲地坐在一把足够舒适的椅子上，两眼紧闭，同时去想两件事：第一，自由女神的模样；第二，你明天早上的日程安排……不管椅子如何舒适，不管给你几次机会，能成功吗？你只会遗憾地发现，你只能依次想这两件事，而不能同时想两件事。

你的情感、心理也是这样，一心不能二用。我们不可能既心拥热忱地激情开拓，又同时忧伤满怀而踟蹰不前。在同一时间，两种不同的感觉、不同的情绪是不能共存、不能集于一身的。针对那些在战场上受到挫折和刺激而退役后患上战争综合征的人群，这个简单的发现让军方的心理专家们能够以“让他们忙起来”作为重要的手段予以治疗。

著名诗人亨利·朗费罗在痛失爱妻之后，也逐渐明白了这个道理。

一天，他的妻子在点蜡烛的时候，不小心衣服被火点着了，朗费罗听到妻子的惨叫声就赶来抢救，但妻子还是因为伤势过重离他而去了。之后的一段时间，朗费罗脑海中一直萦绕着妻子丧生的悲惨场景，他近乎崩溃。所幸还有三个年幼的孩子需要父亲的照顾，他不得不强忍悲痛，担当起父亲和母亲的双重职责。他陪孩子们玩耍，给他们讲故事，并将对孩子的感情都倾注在诗歌中，同时他还完成了《神曲》的翻译工作。这些事令他忙得片刻不停，从而使他没有时间和闲情陷入绝望，他逐渐从悲伤中解脱出来，重新获得了内心的平静。

教育学教授詹姆斯·莫塞尔有一个明确的观念就是，忙而忘忧，因为忧虑最容易伤害无所事事的人。越是无聊，你越会心事重重、想入非非、误入歧途，甚至钻进死胡同。这时候，你的思想就像飞驰的汽车，横冲直撞，一切毁于一旦，甚至包括你自己。消除忧虑的最好办法，就是让自己忙起来，尽量去做有意义的事情。

看著名女冒险家奥莎·汉逊是怎样走出忧虑和悲伤的。从她的自传《我爱冒险》中可以看出，她是一位真正体验过冒险生活的女人。

她和丈夫马丁·汉逊结婚时才不过16岁，婚后他们就离开了家乡，来到婆罗洲的原始丛林生活。25年来，夫妇俩一起环游世界，拍摄了许多亚非洲濒临灭绝的野生动物纪录片。回到美国后，他们巡回演讲，向人们展示他们的成果。

后来，在一次飞往西海岸的航行中，飞机撞到了山上，马丁当场身亡，奥莎也被医生诊断为终身瘫痪。可是三个月后，奥莎就已经坐在轮椅上为大众发表演讲了。她说：“只有这样才能让我没有时间再去悲伤、忧虑。”

大文豪萧伯纳曾总结说：让人愁眉苦脸的秘诀就是，有充分空闲去想他自己的伤心往事。

所以不必去想陈年旧事，不必去想“我快乐吗？”、“我真倒霉”这样的问题，给自己鼓鼓劲，让自己忙起来，你的血液就会循环沸腾，你的思想就会变得敏锐深刻——让自己置身忙碌之境，这对于忧虑来说是世界上最价廉物美的良药。

忙碌是最好的心理医生。让自己忙碌起来，全身心投入工作，否则只能在忧虑和绝望中痛苦地挣扎。

晋升了，为何不开心

升职，往往伴随着薪水的提高和职业地位的提升，是梦寐以求的好事。但吉利却向职业规划师大吐苦水：升职了，压力大了，烦恼也跟着多了起来。

吉利，半年前从研发工程师晋升为研发部经理。由于成为公司中层干部，当时真有点飘飘然。虽然这次晋升有点突然，大家多少有些意外，但他在32岁时得到这个晋升，心里还是挺开心的。然而，升职后才半个月，困惑就来了。以前部门的同事，现在成了他的下属，开始刻意跟他保持距离，相处很不自然。布置工作任务时，他们的态度不怎么积极，而其他部门对他的工作也有些不配合。以前，采购部经理一直是很关照他的，现在态度却不太一样。有一次在茶水间门口听到采购部经理在跟他们部门的同事说："他不就是运气好做了几个大项目吗？升得那么快！"升职后，吉利不但要在其他部门经理面前为本部门"争地盘"、"推责任"，还要与其他部门协调工作。之前，他只需要负责公司的新产品研发，从未接受过任何管理技巧的培训，这让他有点缺乏自信；另外，自从升职后，他就没了休息日，加班加点，出差是常事，记忆力开始下降，心情常常烦躁，喜欢发火。做每一件事都提心吊胆，生怕出纰漏。开始有种"内忧外患"的痛苦。爱人见他无暇顾家，动不动就对他发火，最激烈时，他曾连续一周没有回家，就睡在办公室。这事儿一度让他失眠。“以前，上班很开心，氛围很好，有志趣相投的同事，但自从当上经理之后，觉得上班简直是种折磨，有时候，真觉得宁愿回去做一个普通的工程师。”

面对晋升，吉利为什么不快乐了？类似的案例职业规划师们曾不止一次遇到过。“被晋升”似乎是技术人员职业生涯发展中一个十分普遍的危机。经过多个个案分析，我们总结出技术人员遭遇“被晋升”时的三大危机：

1.角色难以转换

“岗位的转换意味着能力和观念的转换。”职业规划师认为“升职之后，工作的性质、压力立刻不一样了。以前吉利只负责新产品研发项目的工作，升职后除了做好自己手上的本职工作，还要对手下的9个员工负责，并经常需要跟其他部门沟通协作。权力大了，责任和压力也相应大了。角色没有顺利地转换过来，吉利难免会手忙脚乱，难以胜任。

2.管理能力不足

面对突然降临的晋升机会，吉利在管理能力上的不足很快暴露出来。管理能力不足，下属都看在眼里，吉利很难树立领导者的权威，干什么都没底气，没自信，又得不到他人的帮助，自然寸步难行。

3.职业定位混乱

由于缺失职业规划，吉利对于自己的发展几乎是一片迷惘。他的晋升并不是源于自己喜欢做管理或者说胜任这个新职位，而是听从公司的安排，被动升职。吉利对自己缺乏清晰的职业定位，没有很好地认识自己，同时对未来3～5年的职业发展路径也较为混乱。这是吉利晋升到管理岗位后出现困惑的根本原因。

通常来说，职场中只有做自己最擅长的工作才能创造最大的价值。吉利是典型的研究型人才，适合技术型的研发工作，而非做与人打交道的管理工作。在与职业规划专家长达2个小时的一对一深入沟通后，吉利决定尽快与老板进行沟通，说明自己的职业兴趣和定位，寻找技术型晋升的路线。客服人员跟进得知，在咨询结束后不久，吉利与老板进行了一次开诚布公的沟通，老板十分理解吉利“被晋升”后的痛苦，也看到了他升职后工作并不顺利的事实，答应会尽快重新考虑他的岗位，让吉利在自己擅长的研发部门找到更好的发展平台。

数据显示，职场中选错职业发展方向的大有人在，超过75%的职业困惑都是源自职业发展方向的错乱。职业规划师提醒职场人，晋升，表面看上去很美，但如果跟个人的职业兴趣、定位相悖，很可能会导致职业生涯的错乱。因此，要实现完美晋升，找准定位并理性选择自己的发展之路十分重要，别像吉利一样，晋升了，却丢了快乐。

换工作不如换心情

在现实生活与工作中，我们常常发现频繁换工作与环境的年轻人，有的人换了工作心情也变样了，这是常事，所以说换工作并不是换心情。

一般来说，衡量一份工作的职业幸福感，要看这份工作能否满足你的需求，带给你持续的快乐体验。我们从事过的每一份工作，多少都存在许多宝贵的经验与资源，这些都是人生中最宝贵的财富，如果你每天能带着一颗感恩的心去工作，相信工作的心情与态度，自然会感觉愉快而积极。因此，当你内心兴起“另起炉灶”或“此地不留人自有留人处”的念头时，不妨先转换你的心情，以新的角度看待工作、看待事情，或许离职的想法会就此而打消。

我们生活在一个充满机遇和挑战的时代。在我们的职场生涯中，换工作也许是必经过程，但是每一次的工作转换，是否会为你带来正面效益及自我能力的提升？这个问题一直困扰着很多职场人士。

毕业后，范林到了一家港资监视设备公司上班。一来就分到研发部，做上了心仪已久的程序员。一开始，范林很兴奋，有时一坐就是五六个小时，还经常加班。领导看她是个外地人，就干脆安排她住在公司。范林开始一天到晚都泡在计算机前。

三个月后，范林莫名其妙地不想摸计算机了，觉得坐在计算机前，思维不再活跃，常常对着计算机发呆，没有灵感。起初她想可能是适应问题，过一段时间会好起来的，谁知到后来越来越觉得没感觉了，心里也很难受，就好像一个传统女人嫁给了计算机一样。终于坚持了6个月后，经过申请，范林被调换到工程部，接触了一些运用、安装、客户方面的事，但主要还是对着计算机搞软件编程。范林变得烦躁起来，再也没有了当初的工作热情。

最近范林的脾气越来越暴躁，有时男朋友一打电话来，两人就吵。终于在“五一”节前的上午，范林忍不住破口大骂，本以为办公室就自己一个人，她把门一关又哭又吵。谁知等她平息怒气放下电话开门时，看到了走廊上的好几个缩回去的脑袋，全公司的人都知道了。

下午上班，老总把范林叫到办公室，“你有什么事我可以帮你，我知道你一个女孩独自在异乡也不容易。幸好上午没人来参观，我还可以在董事长面前帮你挡住，但是我不希望再有这种事情发生。”一听这话，范林的满腹委屈就出来了，告诉老总现在对编程越来越没感觉，怀疑自己适不适合做程序员。三天后，老总说，她可以考虑调往市场部或人力资源部，但是必须在公司干两年以上，要保证。

范林现在很苦恼，究竟什么才是自己的事业发展方向，究竟该走还是该留？针对范林的这种情况，专家认为：

“换工作不如换心情”，这是时下职场中比较流行的说法，它正是出自我们换了较多工作或岗位之后的反省和感悟。看看范林的职业发展线：3个月后没有激情；6个月后变得烦躁；一年内，范林要求第二次换岗。这种频繁的换岗行为对于每个职场人来说，都是不明智的做法。试想一想，即使换了岗位，甚至换了职业，是否会遇到同样的状况？所

以，在此情况下，换岗只是冲动和逃避的做法，换心情才是积极的应对。

俗话说，“干一行，爱一行，钻一行”。如果造成你换工作的原因是你的心态出了问题，那你就得振作起精神来。良好的精神状态能创造出一种良性循环，你会因此效率大增，良好的工作业绩能赢来同事的钦佩、上司的赞赏，工作乐趣和热情自然就会更高。

所以，作为公司的一名职员，既然选择了为它服务，就要全心全意地投入到工作之中，把公司的事当作自己的事，把公司当作自己的家，用心地去努力工作。

小测试：职场中你属于哪类人？

职场中你属于哪类人呢？来做做下面的测试吧。

1.你何时感觉最好？

A.早晨 B.下午及傍晚 C.夜里

2.你走路时是——

A.大步的快走 B.小步的快走 C.不快，仰着头面对着世界 D.不快，低著头 E.很慢

3.和人说话时，你——

A.手臂交叠地站着 B.双手紧握着 C.一只手或两手放在臀部 D.碰着或推着与你说话的人 E.玩着你的耳朵、摸着你的下巴、或用手整理头发

4.坐着休息时，你的——

A.两膝盖并拢 B.两腿交叉 C.两腿伸直 D.一腿蜷在身下

5.碰到你感到发笑的事时，你的反应是——

A.一个欣赏的大笑 B.笑着，但不大声 C.轻声地咯咯地笑 D.羞怯的微笑

6.当你去一个派对或社交场合时，你——

A.很大声地入场以引起注意 B.安静地入场，找你认识的人 C.非常

安静地入场，尽量保持不被注意

7.当你非常专心工作时，有人打断你，你会——

A.欢迎他 B.感到非常恼怒 C.在以上两极端之间

8.下列颜色中，你最喜欢哪一种颜色？

A.红或橘色 B.黑色 C.黄或浅蓝色 D.绿色 E.深蓝或紫色 F.白色（g）棕或灰色

9.临入睡的前几分钟，你在床上的姿势是——

A.仰躺，伸直 B.俯躺，伸直 C.侧躺，微蜷

D.头睡在一手臂上 E.被盖过头

10.你经常梦到你在——

A.落下 B.打架或挣扎 C.找东西或人 D.飞或漂浮 E.你平常不做梦 F.你的梦都是愉快的

注：现在将各题选项对应的分数相加，再对照后面的分析。

分数

1.A. 2 B. 4 C. 6

2.A. 6 B. 4 C. 7 D. 2 E. 1

3.A. 4 B. 2 C. 5 D. 7 E. 6

4.A. 4 B. 6 C. 2 D. 1

5.A. 6 B. 4 C. 3 D. 5

6.A. 6 B. 4 C. 2

7.A. 6 B. 2 C. 4

8.A. 6 B. 7 C. 5 D. 4 E. 3 F. 2 （g） 1

9.A. 7 B. 6 C. 4 D. 2 E. 1

10.A. 4 B. 2 C. 3 D. 5 E. 6 F. 1

下面我们来看看结果分析：

得分低于21分：

内向的悲观者——人们认为你是一个害羞的、神经质的、优柔寡断的，需要人照顾、永远要别人为你做决定、不想与任何事或任何人有关的人。他们认为你是一个杞人忧天者，一个永远看到不存在的问题的人。有些人认为你令人乏味，只有那些深知你的人才知道你不是这样的人。

得分介于21分到30分：

缺乏信心的挑剔者——你的朋友认为你勤勉刻苦、很挑剔。他们认为你是一个谨慎的、十分小心的人，一个缓慢而稳定辛勤工作的人。如果你做任何冲动的事或无准备的事，你会令他们大吃一惊。他们认为你会从各个角度仔细地检查一切之后仍经常决定不做。他们认为对你的这种反应一部分是因为你的小心的天性所引起的。

得分介于31分到40分：

以牙还牙的自我保护者——别人认为你是一个明智、谨慎、注重实效的人。也认为你是一个伶俐、有天赋有才干且谦虚的人。你不会很快、很容易和人成为朋友，但是是一个对朋友非常忠诚的人，同时要求朋友对你也有忠诚的回报。那些真正有机会了解你的人会知道要动摇你对朋友的信任是很难的，但相等的，一旦这信任被破坏，会使你很难熬过。

得分介于41分到50分：

平衡的中道者——别人认为你是一个新鲜的、有活力的、有魅力的、好玩的、讲究实际的、永远有趣的人;是人们注意力的焦点，但是你又是一个足够平衡的人，不至于被关注而昏了头。他们也认为你亲切、和蔼、体贴、能谅解人，一个永远会使人高兴起来并会帮助别人的人。

得分介于51分到60分：

吸引人的冒险家——别人认为你是一个令人兴奋的、高度活泼的、相当易冲动的人;你是一个天生的领袖、一个做决定会很快的人，虽然你的决定不总是对的。他们认为你是大胆的和冒险的，会愿意试做任何事至少一次;是一个愿意尝试机会而欣赏冒险的人。因为你散发的刺激，他们喜欢跟你在一起。

得分在60分以上：

傲慢的孤独者——别人认为对你必须小心处理。在别人的眼中，你是一个自负的、以自我为中心的、有极端支配欲和统治欲的人。别人可能钦佩你，希望能多像你一点，但不会永远相信你，会对与你有更深入的来往有所踌躇及犹豫。世界本来就是层层嵌套，周而复始，不以任何的意志而改变的。

第十一章

“悦”人无数：有效提升众人好感度

防止“晕环效应”让你识人不明

黄美是某电视台的美女主持人，一直没有结婚，虽然她的爱慕者很多，她却觉得他们都不合自己的心意。因为她的心中早就有一个人，这个人就是他们台里的副台长江某，她认为江某英俊潇洒、玉树临风，一举一动都透着优雅和智慧，又非常果敢，真是丈夫的最佳人选。江某也感觉到黄美的一片心意，于是对她倍加关照与体贴，最后，就在黄美决定以身相许的时候，江某突然被公安人员带走了，原来他利用职权贪污受贿，四处嫖娼。此时，黄美才猛醒。但她毕竟付出了感情，很难从阴影中走出来了。

黄美之所以只看到了江某的英俊而没看清他的品质，是因为她看人时的“晕环效应”。

有个成语叫“爱屋及乌”，我们知道，乌鸦本来不美，周身漆黑，呱呱乱叫，人们习惯上视其为不祥之物。然而，人们爱人、爱屋，为什么还推及乌鸦呢？

这就是人的认知和情感旁推的心理现象，以点带面、以偏概全，也就是人们在认知中观察对象时，对象的某个特点、品质特别突出就会掩盖我们对对象的其他品质和特点的正确了解，被突出的这一点起了类似晕环的作用，导致观察失误。这种错觉现象，就叫“晕环效应”。晕环，是指月亮周围有时出现的朦胧圆圈。

从心理学上讲，之所以存在晕环效应，是因为我们在与某人接触时，想通过一种简单的方法就可以看到他整体的性格。比如当发现某人在交往方面是主动的，就会把他归为外向这一类型中，而大脑中存储着外向人的整体特点：他们通常是积极的、快乐的、比较随和而又不固执、有活力，等等。这样，你就对对方形成了上述的印象，并采取相应的方式与之交往。这种简单归类使我们节省了判断他人品质的时间，也造成了对他人的判断失误。

“晕环效应”在人际交往中容易带来不良影响，识人不明也会给自己带来伤害，所以，要克服人际交往中的“晕环效应”，可从以下三个方面着手：

首先，在心中评判别人，要有主见，有自己的一套正确的原则和标准。不能人云亦云，更不能只根据外表，随便下个判断。

其次，看人要全面，要做全面的分析。

苏东坡有诗云：“横看成岭侧成峰，远近高低各不同。”只有横向视野而没有纵向视野，或者只有近距离视野而没有远距离视野，都会产生感觉和认识上的偏差，造成与人交往中的导向失误。必须全面观察、考察一个人，才能较准确地予以评价。

再次，多听取别人的意见和看法。

要真正认识一个人，仅仅靠自己是不行的，单单靠几个朋友的介绍也是不够的。而是需要广开信息渠道，从“内围”到“外围”，从正面评价到反面意见，进行全方位的信息收集，然后从事认真分析的“精加工”，这样，判断才能比较准确。

晕环效应能成就人，也能欺骗人，正确把握晕环效应，发挥其积极面，防止其负面作用，在处理多种人际关系时，都是必要的。

走出自设的樊篱

李钢，某工厂技术工人。他从小就十分“害羞”、“怕见生人”，用其母亲的话说是：“投错了胎，前辈子一定是个女孩。”上学也不太主动跟同学交往。父母根据他的性格，让他干了技工这一行，不需要跟人打交道。但随着上班以后摆弄机器的时间增多，李钢越来越少跟人交往了。他有时间就躲在机房里，回家也躲在自己房间里看书，听音乐。到了该谈朋友的年龄，父母开始着急，因为他从不主动跟女孩子交往。父母四处找人给他介绍对象。结果，他一见女孩子更是满脸通红，人家问什么他就答什么，结果别人嫌他太木。他自己也觉得很失败，不应该这样。可越紧张越严重，到后来，女孩子问他话时，他结结巴巴连话都说不出来。这样一来，他的情况越来越严重，害怕在公共场合被人注意，尤其当众讲话、当众写字以及在食堂用餐时，都会心理紧张、心慌气短，产生一种明知过分却又无法控制的恐惧感。他不敢与别人对视，与人谈话时总避开别人的目光，似乎自己做了什么亏心事；见人就脸红，一脸红就更害怕别人笑话他没出息，紧张得脸更红了。他觉得不仅自己周身不自然，而且也让别人不自在，他总想克制自己这些情绪表现，可是每次都不奏效，他生怕自己这样下去会变成精神病，于是就干脆逃避这些令人紧张的场合。

心理专家分析认为：像李钢这种常见的心理疾病——社交恐怖症，是由心理原因导致的。

社交恐怖症是后天形成的，因为社交能力不是与生俱来的。社交恐怖实际上是在人格发展过程中形成的，尤其是青少年难以避免的。

社交恐怖症可细分为多种：

1.赤面恐怖

一般人在众人面前时，经常会由于害羞或不好意思而脸红，但赤面恐怖患者却对此过度焦虑，感到在人前脸红是十分羞耻的事，非常畏惧站到众人面前。努力掩饰自己的赤面，尽量不被人觉察，并因此十分苦恼。

2.视线恐怖

与别人见面时不能正视对方，自己的视线与对方的视线相遇就感到非常难堪，以至于眼睛不知看哪儿才好。由于一味地注意视线的事情，并急于强迫自己稳定下来，往往事与愿违，最终不能集中注意力与对方交谈，谈话时前言不搭后语，往往失去常态。

3.表情恐怖

总担心自己的面部表情会引起别人的反感，或被人看不起，对此恐慌不安。表情恐怖多与眼神有关。认为自己的眼神令其他人生畏，或认为自己的眼神毫无光彩等。

4.异性恐怖

在与异性或者自己的异性领导上级接触时，症状尤其严重，感到极

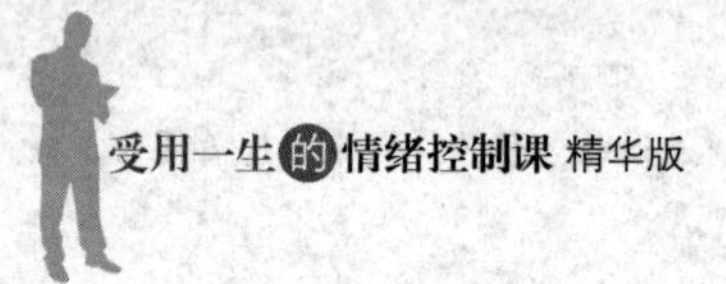

大的压迫感，不知所措，甚至连话也说不出来。与自己熟识的同性及一般同事交往则不存在多大问题。

5.口吃恐怖

口吃恐怖可归类为社交恐怖的一种。本人独自朗读时，没有什么异常，但到别人面前时，谈话就难以进行，或开始出现发音障碍或才说到一半就说不下去了。因不能顺利地与人交谈而感到自己是个残缺的人，并因此非常苦恼。

社交恐怖症严重影响人与人之间的交往，缩小交际圈，使生活失去很多乐趣，因此必须克服。

常用的治疗方法有以下几种：

1.将注意力集中在自己的事情上

在社交场合，不必过度关注自己给别人留下的印象，要知道自己不过是个小人物，不会引起人们的过分关注，正确的做法是学会把注意力放在自己要做的事情上。

2.自我暗示

当心里过于紧张或焦虑时，不妨问一问：再坏又能坏到哪里去？最终我又能失去些什么？最糟糕的结果又是怎样的？大不了再回到起点，有什么了不起！想通了这些，一切就会变得容易起来了。

3.系统脱敏法

与人交往时，可用循序渐进的方法克服心理障碍。

（1）先下决心细看对方的衣服。

（2）看对方的脸和眼睛。

（3）向对方笑一笑。

（4）有朋友在身边时，试着主动和对方聊天。

（5）鼓起勇气单独与人交往。

这种避免直接碰撞敏感中心的方法使一个原本看来很困难的社交行为变得容易起来，这种方法对轻度社交恐怖症一般有立竿见影的效果。

不过，当生理上的不良反应已经比较严重时，就有必要适量应用药物治疗，这对消除心理紧张和缓解生理不适均有一定效果。这种治疗一定要在专业医生的指导下进行，以免造成对药物的成瘾性、依赖性等不良后果。

面对冷嘲热讽，你该怎么办

人生在世，如果总是患得患失，过于注重别人的态度，将自己的得失建立在别人的言行上，又哪有开心的日子过呢？别人要误会，让他误会好了，何必在乎？如果有人看不清楚事实，那纯粹是这个人的损失，与你无关。别人冷淡了你，并不意味着你的价值不存在；别人看轻你，不要紧，只需自己看重即可。如果对方肆意侮辱，而那些侮辱的言辞又都是毫无根据的，那么你或机智幽默地反唇相讥，或置之不理，付之一笑，反而会愈发会显示出你人格的魅力。

被公认为美国历史上最伟大的总统林肯当选总统的那一刻，整个参议院的议员都感到尴尬，因为当时美国的参议员大部分出身望族，自认为是上流社会优越的人，从未料到要面对的总统是一个出身卑微的人——林肯的父亲是个鞋匠。

于是，林肯首度在参议院演说之前，就有参议员计划要羞辱他。当林肯站上演讲台的时候，有一位态度傲慢的参议员站起来说：“林肯先生，在你开始演讲之前，我希望你记住，你是一个鞋匠的儿子。”所有的参议员都大笑起来，为自己虽然不能打败林肯却能羞辱他而开怀不已。

等到大家的笑声停止后，林肯不亢不卑地说：“我非常感激你使我想起我的父亲，他已经过世了，我一定会永远记住你的忠告，我永远是鞋匠的儿子。我知道我做总统永远无法像我父亲做鞋匠做得那么好。”参议院立刻陷入一片静默之中，林肯转头对那个傲慢的参议员说：“就我所知，我父亲以前也曾经为你的家人做鞋子，如果你的鞋子不合脚，我可以帮你改正它，虽然我不是伟大的鞋匠，但是我从小就跟父亲学会了做鞋子这门手艺。”

然后他用温暖的目光扫视着全场所有的参议员：“对参议院里的任何人都一样，如果你们穿的那双鞋是我父亲做的，而它们需要修理或改善，我一定尽可能帮忙。但是有一件事是可以确定的，我无法像他那么伟大，他的手艺是无人能比的。”说到这里，林肯流下了眼泪，顿时全场爆发出了雷鸣般的掌声。

林肯以自己是一个鞋匠的儿子而自豪，这种伟大的品质震撼了那些轻视他的“出身高贵”者。林肯用自己的一生来证明：起初你可以耻笑我，但最后你不得不承认我是一个伟大的总统，一个令人敬慕的巨人。

一个人的气度、修养、胸怀、魄力决定着他控制自己情绪的能力，自古以来，所有伟人和智者无一不是善于管理自己情绪的人，他们不让自己的心灵受到诸多讥讽和指责的侵扰，而是让心灵充满超然物外的平静和淡泊，他们明白批评、讪笑、毁谤的石头，有时正是垒砌通向自信、潇洒、自由的台阶。

有时也许就是一句蔑视的话，如冰冷、犀利的针锥一样扎在你的灵魂里，让你难堪、痛苦，甚至是你一生都走不出的阴影。但可能也就是这句话，成为你人生最大的动力，你会因此而勉励自己做得最好，给那个最看不起你的人看看！

愚蠢的人遭受一点批评就会气急败坏，而聪明的人却急切地希望从

那些责备他们、反对他们、阻碍他们的人那里学到更多的经验教训，当你发怒或失意时，学会克制自己的冲动，努力控制自己的情绪。坚持下去，你就可以让自己的心态在良性的循环中健康发展，你的身心也自然而然地永远保持轻松和愉快。

面对他人对我们的侮辱，你可以强忍下来，也可以反击回去，可以用屈辱来激励自己，带着具有潜力的愤怒来开创自己伟大的事业。将挫折化为伟大的志向，并进而完成自己的梦想。法国著名的女作家乔治·桑就曾经说过："不要去报复自己所受到的屈辱，而应当把它们看成自己前进的动力，让屈辱激励自己。"

当别人忽略或冷淡你，他们是在告诉你如何对待他们。面对别人的轻视和怠慢，我们不应回避和退缩，可以放低姿态，露出坦诚的笑脸，主动表示友好，这样做无疑是正确的，因为在退避三舍与锋芒毕露之间有一块中间地带，可以使我们愤怒的情绪得到缓冲，当然也许这样做会使你感到委屈，而且对方对你的牺牲也不一定欣赏，那么你可以像但丁说的那样——"走自己的路，让别人去说吧！"当你迎着太阳走的时候，身后总会有阴影，就让那些看不起自己的人去嘲讽吧。你，用不着回头。

做一个善于倾听的人

大多数人想要别人赞同自己的意见，总是唠唠叨叨说个不停，尤其是那些商店里的售货员，一味地对着顾客夸自己的商品如何价廉物美，使顾客没有插一句话的余地。其实，这样做是大错特错的。因为顾客上门来买东西，早有选择和求疵的心理因素，往往对货物越挑剔，就越想购买货物。顾客批评货物时，你不必和他争辩，不妨随声附和。顾客选定以后，自会掏钱购买的。要是你和他争辩，这无异说顾客没有眼光不识好货，顾客受到这样的侮辱，自然会愤而到别家去买了。这样不就损失了一笔生意吗？在生意场上要切记，“不必多言，多言必败”。要学会该沉默时就沉默，沉默有时也是优质服务，也是商机，沉默往往比滔滔不绝的言谈更重要。因此，与其自己唠唠叨叨说了一通废话，还不如尽量让顾客多说话，而自己在旁边表示诚心接受，结果反而会获得意想不到的成功。

古时候，曾经有个小国派使者来到中国，进贡了三个一模一样的金人，皇帝很高兴。可是这个小国同时还出了一道题目：这三个金人哪个最有价值？

皇帝想了许多的办法，请来金匠进行检查，称重量，看做工，可都是一模一样的。怎么办？使者还等着回去汇报呢。最后，有一位老臣说他有办法。

皇帝将使者请到大殿，老臣胸有成竹地拿着三根稻草，插入第一个金人的耳朵里，这稻草从另一边耳朵出来了。第二个金人的稻草从嘴巴里直接掉出来，而第三个金人，稻草进去后掉进了肚子，什么响动也没有。老臣说：第三个金人不声不响，比其他两个金人更有价值。

这则故事告诉我们，最有价值的人，不一定是最能说的人。正如一句谚语所说的："沉默是金，语言是银。"我们有两只耳朵一张嘴巴，本来就是应当多听少说的。善于倾听才是成熟的人最基本的素质。

但许多人并不懂得这个道理。当自己不同意别人说的话时，往往不待别人说完，就想插嘴。实际上，这样做也绝不能使别人放弃自己的主张，转而迁就你的意见。别人正有一大堆的话急于说出来时，你想插一嘴，但这时对方根本就不会注意你想表达的意思。所以，我们必须耐心听完对方的话，并且鼓励他把意见完全表述出来。

用爱面对世界

用爱面对每一天、每一个人、每一件事，心中就不会堆积烦恼，世间的纷争也会减少。天地虽宽，只要用无限的爱心去启发、引导，力量之源就不会枯竭。

爱惜自己，追求幸福，是人的本性之一，原本无可厚非；然而同时也别忘记关怀他人，彼此相让，让别人也能拥有幸福，让社会多点温情。因为，唯有相互关怀、体谅的心，才是赖以创造出人类共同富裕及幸福生活的力量。

别人站得远，我们就走近，距离便会缩小；别人若冷漠，我们持以热情，就会逐渐熟络。唯有主动付出，才有丰盈的果实得以收获。

生命中太多的障碍及低潮，皆是由于过度的固执与愚昧的无知所造成的。在别人伸出援手之际，别忘了，唯有我们自己也愿意伸出手来，别人才能够帮得上忙！放弃无谓的执著，伸出接受援助的手，是避免陷入困境的智慧选择。

慷慨无私地为别人着想，就像播种一样，总能有所收获，尽管这种收获有时是直接的，有时是间接的，但是有良心、重情义的受益者终究会把爱的种子珍藏于心，直到永远。有这样一个被人称为“美丽的误会”的故事。

在一家餐馆里，一位老太太买了一碗汤，在餐桌前坐下后，突然想起忘记取面包了，于是她急忙起身去取面包。等她返回餐桌时，却惊讶地发现自己的座位上坐着一位衣衫褴褛的男子，正在喝着汤。

“这个无赖，他无权喝我的汤！”老太太心里气呼呼地想道，“可是，也许他太穷了，太饿了。我还是一声不吭算了，不过，也不能让他一人把汤全喝了。”于是，老太太装作若无其事的样子，与男子同桌，面对面地坐下，拿起了汤匙，不声不响地喝起了汤。

就这样，一碗汤被两个人共同喝着，你喝一口，我喝一口。两个人互相看看，都默默无语。这时，男子突然站起身，端来一大盘面条，放在老太太面前，面条上插着两把叉子。

两个人继续吃着，吃完后，各自直起身，准备离去。“再见。”老太太友好地说。“再见。”男子热情地回答。他显得特别愉快，感到非常欣慰。因为他自认为今天做了一件好事，帮助了一位穷困的老妇人。

男子走后，老太太这才发现，旁边的一张饭桌上，放着一碗无人喝的汤，正是她自己的那一碗。

生活就是这样纷繁复杂，人与人之间的误会、隔阂、怨恨，时常都会发生。只要心地善良，互谅互让，误会、怨恨也能变成令人震动和怀念的往事。生活就是这么有意思，人们在善良中得到好处，在互相帮助中不断前进，在互相支持中共同走向美好的明天。

爱是可以传递的。我们生活在这个社会中，肯定获得过别人的帮助，让我们怀着感恩之心，将报恩之举回报给我们碰到的任何一个需要帮助的人。

席勒尔说过这样一句意味深长的话：“世界上唯一成倍增加幸福的办法是将其分摊。”生活中，许多的失意和烦扰不都是在苛求中萌生的吗？你去做那个施人以爱、赐人以福的人，你的精神愉悦了，而最终爱心和幸福也会回到你的身边，何乐而不为？

不要吝啬你对他人的鼓励

一句无心的话也许会点燃纠纷，一句残忍的话也许会毁掉生命，一句及时的话也许会消除紧张，一句知心的话也许会愈合心灵的创伤。

事实上，当别人遭遇坎坷磨难时，也许我们根本帮不上什么忙，有时就靠某句简单的话去安慰一下。但是我们往往不懂得这句话该怎么说，因为我们不能真正懂得别人心田中的禾苗需要怎样的呵护。

杰夫瑞医生是一位非常著名的耳科专家，多年来，他一直致力于让失聪者恢复听觉的耳蜗移植研究。杰夫瑞医生经过数年的不懈努力，终于将耳蜗移植恢复的成功率从50%提高到了接近70%。在他的帮助下，许多生活在无声世界里的失聪者重新获得了聆听世界的机会，其中有些失聪者的听力甚至从零恢复到了大抵正常的程度。于是，失聪病人视杰夫瑞医生为救星；媒体称赞他是创造奇迹者；一些机构授予他奖章；杰夫瑞自己也感到很骄傲。

有一年，6个十三四岁的少年从西班牙山区来到杰夫瑞医生所在的慕尼黑，他们是得到慈善机构的捐助前来接受耳蜗移植治疗的失聪孤儿。负责照顾孩子们的领队是个叫露茜的年轻修女，她生得瘦小单薄，但性情温和开朗。

杰夫瑞医生分别为6个孩子进行了耳蜗移植，其中的3个听力恢复迅速；另外2个经过配合治疗，也逐渐有了进步。只剩下1个叫丹的男孩，杰夫瑞医生先后为他做了三次耳蜗移植，尽了一个医生最大的努力，但丹始终不见有丝毫的起色。

冬天过去，春天也过去了。到夏天来临的时候，杰夫瑞医生只得带着深深的遗憾告诉露茜修女：“非常抱歉，丹恐怕就属于那30％永远都无法恢复听觉的失聪者。”

露茜修女也很难过，因为每个孩子都怀着同样的希望而来，现在却有一个失望而归。

很快，那个叫丹的男孩也似乎意识到了自己不妙的境况。他开始郁郁寡欢，时常把自己关在病房里，并且有意回避另外5个已经跟自己“不一样”的同伴。

小男孩的状况让杰夫瑞医生的内心备受煎熬，他能够理解丹的痛苦，但又无能为力。而且，出于医生的责任，他还必须把残酷的真相告诉丹。

宣布治疗结果前夕，善良的露茜修女跟杰夫瑞医生商量：“是不是可以换个方式告诉他呢？也许在一个适当的场合说出真相，孩子会容易接受一些。”是呀，成年人都无法承受这个现实，何况他还是个孩子。杰夫瑞医生点点头，说道：“什么场合告诉他比较好一点呢？”露茜修女略微想了想，说出一个地方——“茵梦湖”。

茵梦湖是慕尼黑所在的巴伐利亚州的一个美丽湖泊，地处阿尔卑斯山中。四周山林环抱，湖水宁静清澈，而且，每到夏天，湖中会开放一片一片美丽的睡莲。

在一个晴朗的清晨，杰夫瑞医生和露茜修女带着6个孩子前往茵梦湖。因为长期从事耳疾治疗，杰夫瑞医生也懂得一些聋哑人手语。在路途上，他看见露茜修女用手语告诉孩子们：“我们今天要去听一听睡莲

花开的声音。”她用的是很明确的“听”，而不是“看”——真是奇怪，难道她不明白可怜的丹什么都听不到吗?

夏天的清晨，站在湖边，能看见微红的晨曦从天边一点一点泛起来。湛蓝色的湖水里渐渐呈现出岸边树林的倒影，偶尔有几只早起的鸟儿掠过湖面，啾啾的叫声在空明的水天之间格外清脆。

露茜修女选了一片临岸的睡莲，那些圆圆的绿叶贴着湖水，上面还带着零星剔透的露珠。而一朵朵白色的花蕾俏皮地点缀其间。6个孩子依次排开蹲下，露茜自己也挑了个能抚摸花蕾的位置，然后向孩子们做了几个手势——指指心、指指耳朵、闭上眼睛。于是，6个孩子顺从地照露茜修女的吩咐，安静地合上眼睛，抚着睡莲花蕾。

不一会儿，太阳升起来了。一旁的杰夫瑞医生这才惊讶地发现，原来那些睡莲花竟是在阳光照耀的瞬间绽开的。在静谧的安宁里，他甚至能听见花瓣爆开时的“叭”、“叭”声，那是一种很轻微的震动的声音。如果不用心去“听”，即使正常人也可能忽略掉。

孩子们抚摸着的花蕾一朵一朵地在阳光里绽开来，虽然闭着眼睛，但杰夫瑞医生肯定他们都能清晰地感觉到花开的瞬间。果然，那些孩子们惊喜极了，他们先是睁开眼睛仔细端详那些盛开的花朵，然后抑制不住地竞相打着手语欢快地交流，连丹也不例外。

这时，露茜修女站起来，微笑着朝孩子们打着手语，语重心长地告诉他们：“其实，这个世界上有很多美妙的声音，只要我们有一颗对生活永不消沉的心，就一定可以听见。”比画完，她特别用眼睛盯着丹。

丹回应了露茜修女一个热烈的手势，激动地扑过去和她拥抱。接着，另外5个孩子也围拢，交叠着抱成一团儿。是的，丹或许因为无法恢复听力有一点点难受，可痛苦很快就会过去，更重要的是他真的“听”到了睡莲花开的声音。

目睹一切的杰夫瑞医生静静地站在一边，许久都没有动。作为医生，他已经看惯了太多的伤心、无助乃至绝望，但现在，他却感慨地泪流满面。人们习惯于把他看作是创造奇迹者，而实际上这位平凡的露茜修女才是真正的奇迹创造者，她创造了连医学都无法达到的奇迹。

从那以后，杰夫瑞医生在自己的诊疗院里特意开辟出一个种着睡莲的池塘。每年夏天，他都会让一些内心失落茫然的患者去亲身听一听睡莲花开的声音；而对于每个新来的医生或护士，他会给他们讲关于露茜修女和6个失聪孩子的故事。

他知道，医学治疗即使在100年以后也依然会有无法突破的极限，但现在，睡莲花开的声音却能创造某些医学上无法创造的奇迹——让那不幸的30%的失聪者学会用心去聆听世界，让他们在无声的岁月里保持对生活永不消退的信心。

小测试：你留给别人的第一印象如何？

下面每题有三个备选答案。

1.与人初次会面，经过一番交谈，你能对他（她）的举止谈吐、知识能力等方面作出积极、准确的评价吗？

A.不能　B.很难说　C.我想可以

2.你和别人告别时，下次相会的时间地点是——

A.谁也没有提这事　B.对方提出的　C.我提议的

3.当你第一次见到某个人，你的表情是——

A.大大咧咧，漫不经心　B.紧张局促，羞怯不安

C.热情诚恳，自然大方

4.你是否在寒暄之后，很快就找到双方共同感兴趣的话题？

A.是的，对此我很敏锐　B.我觉得这很难

C.必须经过较长一段时间才能找到

5.你与人谈话时的坐姿通常是——

A.两膝靠拢　B.两腿叉开　C.跷起“二郎腿”

6.你同他（她）谈话时，眼睛望着何处？

A.直视对方的眼睛　B.看着其他的东西或人

C.盯着自己的纽扣，不停玩弄

7.你选择的交谈话题是——

A.两人都喜欢的 B.对方所感兴趣的 C.自己所热衷的

8.通过第一次交谈，你们分别所占用的时间是——

A.差不多 B.他多我少 C.我多于他

9.会面时你说话的音量总是——

A.很低，以致别人听得较困难 B.柔和而低沉 C.声音高亢热情

10.你说话时姿态是否丰富?

A.偶尔做些手势 B.从不指手画脚 C.我常用动作补充言语表达

11.你讲话的速度怎么样?

A.频率相当高 B.十分缓慢 C.节律适中

12.假若别人谈到了你兴趣索然的话题，你将——

A.打断别人，另起一题 B.显得沉闷、忍耐

C.仍然认真听，从中寻找乐趣

分数计算方法：

第1、2、3题 → A. 1分 B. 3分 C. 5分

第4、5、6题 → A. 5分 B. 1分 C. 3分

第7、8、9题 → A. 3分 B. 5分 C. 1分

第10、11、12题→ A. 1分 B. 3分 C. 5分

说明:

1.分数为0~22分:

首次效应差。也许你感到吃惊，因为很可能你只是依着自己的习惯

行事而已。你本心是很愿意给别人一个美好印象的，可是你的不经心或缺乏体贴、或言语无趣，无形中却使来人做出关于你的错误的勾勒。必须记住交往是种艺术，而艺术是不能不修边幅的。

2.分数为23～46分：

首次效应一般。你的表现中存在某些令人愉快的成分，但同时又偶有不够精彩之处。这使得别人不会对你印象恶劣，却也不会产生很强的吸引力。如果你希望提高自己的魅力，首先必须心理上重视努力在“交锋”的第一回合显示出最佳形象。

3.分数为47～60分：

首次效应好。你的适度、温和、合作给第一次见到你的人留下了深刻的印象。无论对方是你工作范围抑或私人生活中的接触者，无疑他们都有与你进一步接触的愿望。你的问题只在于注意那些单向的对你“一见钟情”者。

第十二章

淡定地爱：家庭幸福是完美人生的基础

品尝爱情的甘露

有人说，爱情是人的一生中唯一有价值、值得追求的东西。虽然，这未必是生命的全部，但也确实说明了爱情在人类愿望中的位置。

1.心中有爱是幸福

如果你真心爱上了一个人，我们要向你表示祝贺，你将发现在每一天、每一刻、每一分钟，都能在平淡和无聊中品味到生活的意义和乐趣；你可以在对他的思念中睡去，又在对他的期待中醒来；如果你真的那么欣赏、爱慕他，你会在和他相处时获得难以取代的喜悦。

如果你真的爱上了一个人，我们要一起为你欢呼、加油。希望他也像你爱他一样爱你，两情相悦，情投意合，这是多少诱惑都不能让人放弃的最宝贵的东西。如果他并不爱你，但是你的爱也会带给他一份意外的惊喜，让他在你的爱里，忘却忧伤，获得自信。你是那么强烈地想要拥有他呢？还是深深爱着，期待着缘分的结局？不管怎样，爱都是你自己的事情，你不要对他抱有太多幻想，你不能左右世界上的许多事情，但至少你自己的心境你可以控制，你对他的爱可以好好收藏与保存。

如果你真的爱上了一个人，就这样爱吧！你不要刻意去表现它，不要在乎它的形式和模样，只要在爱着，就是美的、好的、对的。何必太在意太多的是非对错，得失恩怨呢？你不必以伤害自己作为爱他的表示，如果你真爱上了一个人，你会比以前任何时候都更爱惜自己，善待自己；你不要因为自己付出多少就要求他的回报要有多少，你不是在做一场毫不吃亏的交易，你要告诉自己，能够让他快乐，就是你最大的收获。

2.不要苛求完美

一位70岁老人一生孤独地流浪。路人问他："为何不娶妻成家？"

老人说："我在寻找一个完美的女人！"

路人反问："那你流浪这么多年，就没遇到一个完美的女人？"

老人悲伤地回答："我曾经遇到一个。"

"那你为什么不娶她？"

老人无奈地说："因为她也正在寻找一个完美的男人。"

爱上一个"完美"的人并不难，爱上一个"有缺欠"的人却很难，长久地爱一个这样的人尤其难。而唯其如此，人的感情才显得深沉厚重。

3.给爱加点巧克力

谈心时要保持愉快的语调，不要相互对嚷和咒骂，要温柔善意地说那些有益的字眼，这是最重要、最能表示关爱的形式。

多在一起散步。一天花30分钟锻炼身体、交流感情、放松情绪、交换意见、构想目标、消除误解。最好能手拉手，一起做一些新鲜有趣的事情。可以去一家新餐馆，吃一道风味不同的菜；听一场音乐会；共度一个独特的假期；一起参加个培训班，学些你们二人都打算学的东西。

经常互送礼物。订阅一份杂志，买一本特别的书，洗个热水澡并按摩，送一束鲜花，讲讲奇特的经历，奉上喜爱的食品……

不要批评、谴责、抱怨。这是绝对不能干的事。多去赞扬，要对彼此间的关爱表示感谢。在爱情和持久的夫妻关系中，从来都不应有消极性字眼的位置。如果你做出了一个好的榜样，你的爱人也会像你一样把事情做好的。

允许你爱的人对他自己的生活负责。他有权决定自己的现实和命运。你们二人都可以按照自己的方式去生活并和谐地相处；请你尽最大努力使生活变得轻松，并给爱侣创造更多的乐趣。

不要有太强的占有欲。做事时不要好像是在“占有”你的伴侣；要对彼此的生活方式和个人兴趣给予相互的支持与鼓励；要心存感激，和睦相处。

珍惜你们共度的时光。这可能是你们最后一次在一起了——用这种态度看待你们在一起的时光，你们便能总是更加欣赏对方。一起花时间做那些你们两个都喜欢做的事情吧。

凡是可以令你们二人感到愉快的事都可以做。在私生活里，你和爱侣之间所能做的事是没有限制的——只要你们双方都能受益且赞同。

杜绝无谓的争吵。不管是在哪里、在什么时间，都不必争吵，尤其是当你们吃饭睡觉时。每个人都有权拥有自己的观点。请尊重对方的观点、人生观和对生活的看法。

让笑容与笑声常伴。这是长寿和健康的处方。对你自己和你的爱人不要太严肃，而要更多地面带微笑和开怀大笑。记住，你们的微笑是给予对方真正的礼物。

不妨每天相互温柔地触摸。拥抱、亲吻、爱抚，这些都是表现爱与关怀的极好方式。

挤点时间给家人

家并非旅店，它需要你的关爱、呵护。

一位父亲下班回家很晚了，又累又烦，他发现五岁的儿子站在门口等他。

“我可以问你一个问题吗？”

“什么问题？”

“爸，你一小时可以赚多少钱？”

“这与你无关，你为什么问这个问题？”父亲生气地说。

“我只是想知道，请告诉我，你一小时赚多少钱？”儿子哀求道。

“假如你一定要知道，我一小时赚20元。”

“哦，”儿子低下了头，接着又说，“爸，可以借我10元吗？”

父亲发怒了：“如果你只是要借钱去买玩具的话，那就给我回房间上床。我每天长时间辛苦工作着，没时间和你玩小孩子的游戏。”

儿子安静地回自己的房间并关上门。

过了一会儿，父亲平静下来，想着他可能对孩子太凶了——或许孩子真的很想买什么东西，再说他平时很少要过钱。

父亲走进儿子的房间：“你睡了吗，孩子？”

“爸，还没，我还醒着。”儿子回答。

“刚才可能对你凶了，”父亲说，“我不该发脾气——这是你要的10元。”

“爸，谢谢你。”儿子欢叫着从枕头下拿出一些被弄皱的钞票，慢慢地数着。

“为什么你已经有钱了还要？”父亲生气地问。

“因为不够，但我现在足够了。”儿子说，“爸，我现在有20块钱了，我可以向你买一小时的时间吗？明天请早一点回家——我想和你一起吃晚餐。”

生活中，许多人都说：“等我有钱了，一定要带爸妈住大饭店，去国外旅游，带老婆孩子去游乐场去公园去海边……”或许，在某一天你会发觉：父母已年老，走不了多少路了，妻子的兴致已淡了，孩子已长大成人了。

多给家人一些关怀、体贴吧。因为亲情是最大的财富，是家最有力的支持与保障。没有亲情的人生，不是真正的人生。有了亲情，即便贫困、残疾，也能坚强面对。

家是温馨的港湾，在遭遇恶劣天气或意外打击时，我们只想朝家飞奔，我们向往家的温暖与安全。

把坏情绪带回家对吗

众所周知，人是最情绪化的动物。在每个人的心底深处，都存在一道心理防线，一旦崩溃，坏情绪便汹涌而来。而信仰的缺失，道德的滑坡，精神的失重，生存的压力，情感的挫折，人事的变迁，甚至生离死别……对我们的心灵造成了伤害，于是悲伤、哀怨、痛苦、内疚、悔恨、愤怒等坏情绪便开始发作。坏情绪会使人食欲不振、精神萎靡、思维迟钝，坏情绪还有很强的传染性，一个人不高兴，一屋子的人都会不开心，真可谓“一人向隅，举座不欢”也，因此我们有必要将坏情绪挡在家门之外。

有人认为，家是避风港，是人情绪发泄的地方，用不着压抑自己，认为如果连在家都不能发泄情绪，那么到什么地方去发泄呢？因此，许多人每每回到家，就开始发泄，结果让家笼罩在一片痛苦之中，造成了家庭的情绪污染，一家人都高兴不起来。那么，如何防止家庭情绪污染，这就要求每一个家庭成员，尤其是主要成员不要把不良情绪带回家。你要想到，你对你的同事、甚至是你的竞争都能容忍，为什么对自己最亲密的人不能忍呢？我们既然最爱他们，那为什么要在无意中伤害他们呢？

当然也不是说不把坏情绪带回家，关键是要把握好尺度，分清楚事情的轻重缓急，不能因为自己的事情扰乱了一家人的宁静与和谐，将坏情绪带给家人的影响降到最低程度，而问题又能得到解决，否则就不要将坏情绪带回家来。而且在家庭中，也不要为一些鸡毛蒜皮的小事而耿耿于怀，因为那样也会影响他人的情绪。情绪低落的时候人人都有，每当这时，一是要有点忍耐和克制精神，二是要学会情绪转移。

现代心理学告诉人们，人的情绪有两个关键时间：一是早晨就餐前；二是晚上就寝前。在这两个关键时间里，每一个家庭成员都要尽量保持良好的心境，稳定自身情绪，尽量不要破坏家庭的祥和气氛，避免引起情绪污染。

在外企就职的白领常女士由于同事的工作失误，也连带着受到了主管的严厉批评，为此，她觉得心里很窝火。下班后常女士黑着脸去幼儿园接了女儿搭公共汽车。人还没上车，司机就关门，门把她的左胳膊给夹住了。虽不怎么疼，但是司机的工作态度未免太恶劣，叫她生气。为此，她和司机发生了争执。

常女士下车后，女儿闹着要她抱，她憋不住大吼一声："妈妈累，自己走！"女儿惊异地盯着她，一脸要哭的样子。

晚上回家，一肚子不高兴的常女士，灰头土脸地进门，丈夫一句问候的话都没有，她又不由得生起气来。闷着头吃完饭，为了谁洗碗的小事争来争去，说着说着，他们的火气都被点着了，开始横眉竖眼，大吵起来。

事情过后，常女士自我反省：自己受了主管的批评，情绪不好，心情十分不畅快，结果无辜的女儿倒了霉、丈夫倒了霉，像是水波一样，不愉快的情绪以常女士为中心，向四周荡漾开来。这就是情绪污染。

作为家庭成员的你，每天都在尽最大努力使家庭避免各种"污染”，如“空气污染”、“噪声污染”、“光源污染”等，这时不知你是否忽视了“情绪污染”？

任何人都会有情绪低落的时候，每当这时，首先一定要有点忍耐和克制精神，其次要学会情绪转移。要避免把不良情绪带回家，避免将心中怨气发泄在家人身上，避免为一些小事耿耿于怀。

最后，我们有必要每天都问问自己：今天，我将坏情绪带回家了吗?

女主人的心态决定着家庭的命运

传说，有个勤奋好学的女裁缝，一天去给法官缝补法袍，她不但缝补得很细致入微，还对法官穿的法袍进行了改装。有人问她其中的原因，她解释说："我要让这件袍子经久耐用，直到我自己作为法官穿上这件袍子。"心想事成，这位裁缝后来果真成了一名法官，穿上了这件法袍。

相信自己能够成功，往往自己就能成功，这是人的心理在起作用。人的心灵有两个主要部分，就是意识和潜意识。当意识做决定时，潜意识则做好所有的准备。换句话说，意识决定了"做什么"。而潜意识便将"如何做"整理出来。意识就好像冰山浮出水平线上的一角，而潜意识就是埋藏在水平线下面很大很深的部分。有人还用科学术语比喻：人体的神经系统，特别是大脑，就相当于计算机的"硬件"，意识就是这部无比精密的计算机的"操作者"，潜意识就相当于计算机的"软件"。

所以说，一个人想成功，就可能成功；想着失败，就会失败。一个人期望的多，获得的也多；期望的少，获得的也少。成功总是产生在那些有了成功心理的人身上，失败根源于那些不自觉地让自己产生失败心理的人身上。一个女人要想获得幸福也是如此。一个女人总想着幸福，就容易幸福；总想着不幸，就容易不幸。

著名女作家塞尔玛在成名前曾陪伴丈夫驻扎在一个沙漠的陆军基地里，丈夫奉命到沙漠里去演习，她一个人留在基地的小铁皮房子里，沙漠里天气热得受不了，就是在仙人掌的阴影下也有125华氏度。而且她远离亲人，身边只有墨西哥人和印第安人，而他们又不会说英语，没有人和她说话、聊天。她非常难过，于是就写信给父母，说受不了这里的生活，要不顾一切回家去。她父亲的回信只有两行字，但它们却永远留在她心中，也完全改变了她的生活：

两个人从牢中的铁窗望出去，

一个看到了泥土，一个却看到了星星！

塞尔玛反复读这封信，觉得非常惭愧。于是她决定要在沙漠中找到星星。她开始和当地人交朋友，而他们的反应也使她非常惊讶，她对他们的纺织、陶器表示感兴趣，他们就把自己最喜欢但舍不得卖给观光客人的纺织品和陶器送给了她。塞尔玛研究那些引人入迷的仙人掌和各种沙漠植物，又学习了大量有关土拨鼠的知识。她观看沙漠日落，还寻找海螺壳，这些海螺壳是几万年前沙漠还是海洋时留下来的……原来墨西哥令人难以忍受的环境变成了令人兴奋、流连忘返的奇景。

那么，是什么使塞尔玛的内心发生了这么大的转变呢？沙漠没有改变，墨西哥人、印第安人也没有改变，是她的心态改变了。一念之差，使她原先认为恶劣的生活环境变为一生中最有意义的冒险。她为发现新世界而兴奋不已，并为此写下了《快乐的城堡》一书。

可以说，良好的心态是女人收获幸福的最佳法宝。

也可以说，幸福与年龄、性别和家庭背景无关，而是来自于一份轻松的心情和健康的生活态度。

赞美爱人，不应只放在心底

他从小在孤儿院长大，深知什么事都得努力去争取。未婚妻是他唯一约会过的女孩，所以他从来没爽过约。女孩深深地占据了他的心。当她还没明白过来时，他已向女孩求婚了。

结婚宣誓之后，女孩的父亲把新郎带到一旁，交给他一份小礼物，说："这是幸福婚姻的秘诀。"年轻的新郎迫不及待地打开。

盒子里装的是一只大型金手表。他小心翼翼地拿起来，细看之下，发现表面上刻着一句话，他每次看表时都无法避开，这句话是："跟她多说些好话。"

懂得赞美爱人，多说些好话，是爱情、婚姻的润滑剂、黏合剂。

某先生有边吃早餐边看报的习惯。有一天，当他夹起食物往口中放的时候，觉得不像往常，赶紧吐出来，拿开手中正看着的报纸，仔细一看，原来是一段菜梗！他立刻把妻子叫过来问。

"哦！原来你也知道火腿蛋与菜梗不同啊！我为你做了20年的饭，都不曾听你吭过一声，我还以为你食不知味，吃菜梗也一样呢。"不说出来的赞美，是没有人知道的。

生活中，每个男人都知道，用称赞的方式贩乎可使妻子愿意为自己做任何事情，而且会不顾一切地去做。

同样，一个女人会赞美的话，也可以改变一个男人对自己的整个看法，使他变得更出色，更使他对生命有一个全新的看法。

比尔在二战中受了伤，他的一条腿有点跛，而且瘢痕累累，但他仍然能够享受他最喜欢的运动——游泳。

一天，在他出院以后不久，他和太太在海滩度假，做过简单的冲浪运动以后，比尔先生在沙滩上享受日光浴。不久，他发现大家都在注视他满是伤痕的腿。

下个星期天，比尔太太提议再到海滩去度假，但是比尔拒绝了，说他不想去海滩而宁愿留在家里。“我知道你为什么不想去海边，”她说，“你开始对你腿上的瘢痕产生错觉了。”

后来，比尔先生对朋友说：“她向我说了一些我将永远不会忘记的话，这些话使我的心里充满了喜悦。她说：‘比尔，你腿上的那些瘢痕是你的勇气的徽章，你光荣地获得了这些瘢痕。不要想办法把它们隐藏起来，你要记得你是怎样得到它们的，而且要骄傲地带着它们。现在走吧，我们一起去游泳。’”

其实，男女之间因欣赏而吸引、相恋、结合可能来得很快；但因欣赏而使夫妻相敬如宾、恩恩爱爱、甜甜蜜蜜却是永久的。生活中，夫妻二人彼此都会把对方的一次称赞、一个眼神、一个微笑储留心底。妻子的几句赞美，毫无疑问将大大调动丈夫洗衣做饭的积极性，尽管他洗的衣服领口、袖口还很脏，他做的饭菜咸得难以入口。当妻子默默地挑着家庭生活的重担，每日做饭、干家务时，丈夫切莫泰然处之，而应该对妻子的辛劳报之以夸奖和爱抚。

小测试：你的家庭生活幸福吗?

你的家庭生活幸福吗？来做做下面的小测试吧！看看与你心里预想的幸福指数是否一致，并为每条测试打分，最低1分，最高5分，最后各条测试的分数相加，得出总分。

1.你从来都没有后悔嫁（娶）给目前婚姻伴侣的念头。

2.意见不同时，你会心平气和地和对方沟通。

3.教养子女上，你运用了鼓励引导的方式。

4.你努力引导对方在教养子女上有共识。

5.对方认错时，你愿意给对方改过的机会。

6.当对方有挫折感的时候，你愿意鼓励他（她）。

7.家庭财务上，你懂得开源节流。

8.你满意自己的性生活。

9.你愿意配合对方的避孕方式。

10.家中出现危机事件，你绝对不会推卸责任。

11.当出现“第三者”诱惑时，你绝对愿意以家庭为重而回头。

12.当夫（妻）涉入夫家或娘家纠纷时，你绝对支持他（她）。

13.你乐意做家务。

14.你绝不会当面或背后批评自己的伴侣。

15.你会主动分享成长的内容给对方。

16.你支持对方旅游、学习或其他的进修活动。

17.你关心伴侣的身心健康状态。

18.你支持伴侣去达成他（她）期待中的人生目标。

19.你以对方为荣。

20.你以自己为荣。

分数5，代表你“完全做到”。

分数4，代表你“经常做到”。

分数3，代表你“偶尔做到”。

分数2，代表你“极少做到”。

分数1，代表你“完全做不到”。

50分以下（含50分）：

大多时候，你对自己的婚姻失望，但是为了孩子，为了家庭，为了前途发展，你保持“虽不满意，暂且观望”的态度。在婚姻状况里，幸福指数过低显示你家庭明显亮起了“红灯”，你的幸福指数堪虞。

51～70分：

在这样的状况下，家庭幸福指数似乎已经开始亮起了“黄灯”，你是在很用心地成长，你有心去改善你的婚姻关系与家庭整体关系，但是，往往又是“心有余而力不足”的感觉。

71～90分：

你的家庭幸福指数是“绿灯”，很不错。你是一个相当有弹性的人，你懂得如何自我调整，你也在学习着更有效的婚姻相处技巧，你在家庭建设方面真的很有一套。

90分以上：

恭喜你，你家庭的幸福指数充足，你正在享受着美满的婚姻家庭生活。你和你先生（妻子）是大多数人眼中的神仙眷侣，你在过着父（母）祥子亲的生活。但是也要提醒你，这美满的婚姻也有可能是你单方面的感受，不妨拉你的伴侣也做一下这个测试吧。